1000 Ideas for Color Schemes

The ultimate guide to making colors work

[美] 珍妮弗·奥特 著
涂 俊 译

江苏凤凰科学技术出版社

译者序

我们能够生活在色彩的世界里是多么幸福。

我们每一个人都在无意识或有意识地建构我们自己的色彩世界。自然界的色彩不仅帮助我们认识色彩和熟悉色彩，也能够帮助我们掌握色彩和应用色彩。色彩永远不是单一存在的，色彩是组合，色彩需要搭配，即使是无彩的灰色，也在不同的明暗和色调变化中给我们带来愉悦感。

本书的最大特点是从自然和生活中寻找色彩灵感，探究配色方案以及适用情境，而不是拘泥于教科书式的色彩基础与配色理论。

本书中大量的色彩案例既培养我们的色彩素养和配色能力，也为我们提供了丰富的参考资料。

希望本书能够为你的生活增光添彩。

——中国流行色协会理事会理事、南开大学硕士生导师

“没有难看的色彩，只有不好看的色彩组合。”

前言

这是我听过对色彩最好的见解，是我之前的设计导师在评估好莱坞山改造项目时提出的。该项目是一个一线明星的家居设计，上一个主人所选择的色彩搭配与其身份非常不匹配。亮绿色的窗饰与金色的墙壁单独来看都很可爱，但是两色搭配，却不协调，导师的这个观点很正确。那天，我学到了很多东西：成功的色彩应用应当巧妙地将不同的色彩融为一体，而非只专注于使用单一色彩。

对色彩的痴迷，可以追溯到我的童年时代。每学年伊始之际，我都会努力说服妈妈给我买最大的蜡笔盒（所有绚丽好看的色彩）。虽然未能成为一位技艺超凡的插画家，但我仍然喜欢用自己喜欢的色彩绘制一些抽象画。

读大学时，我总是迫不及待地想搬出宿舍，搬进可以按自己的想法和意愿装扮的公寓。我和丈夫买的第一套房子，是一套待修房，我们做了大部分装修工作。我发现，色彩可以作为一种工具，利用花费不多的涂料，丰富或改变家居氛围。

我非常沉醉于将一个平淡陈旧、功能结构不完善的房屋打造成一间色彩丰富、亮丽多彩的室内空间，这是我在洛杉矶加利福尼亚大学室内建筑设计专业进修的主要原因。毕业后，我开始接触到做室内设计的客户，很快就发现了对专业设计师做类似色彩咨询这种细微设计的巨大需求。长期以来我对色彩的痴迷及相关经验为从事此行业奠定了良好的基础，即通过创造性的色彩搭配和选取材质，帮助业主进行室内和室外设计。

现在，我们夫妻和两只猫住在旧金山另一所待修房内。除了经营自己的设计公司，我还为各大出版物撰写有关色彩和室内设计的文章。

Jennifer Ott

使用方法

本书适用于所有色彩爱好者，尤其是寻求创意配色的读者，书中的配色案例及灵感来源可以广泛应用于周围环境，无论是家居装饰、服装配饰，还是特定的场合、派对和婚礼。

有时，我们的脑海中呈现出一种配色方案，并且需要在现实生活中检验一下这个方案，以确保其切实可行。或许也会喜欢某一特定的色调，但不知如何与其他色彩搭配。本书可以激发读者进行超越经典的配色组合。无论是否有特定的色彩意象，请使用目录中第 8 至 15 页吸引你的配色板，然后再找到其在书中的位置。书中的色彩创意按照色相分为九组，分类非常流畅，可以提供一些指导。选择配色方案时，并非一定要使用配色板中显示的所有色彩。如果发现有方案，完全符合要求，当然很好，但如果对方案不是非常满意，需要调整和编辑色板，可以将其作为灵感，或专注于其中两三种色彩，形成更好的方案。

除本书外，可以收集和整理色彩丰富的样本，以获取配色灵感。无论是涂料或布料的色板，抑或从杂志或网络资源中挑选的图片，只需将夺人眼目的内容剪切下来，保存即可。样本可以按照色彩、图案或材料等主题分类，将其作为参考，进一步激发配色灵感或方案。

色环

本书的读者不需要色彩理论基础，但如果事先对色环基础有一定了解，将会大有裨益。本书中所指色彩，主要指油漆、油墨和染料，而非作为光的投射的色彩——例如，在电脑显示器或电视机上看到的色彩。提到色彩会涉及三原色：红、黄、蓝。将这三个原色混合后，可以配成橙、绿和紫的二次色，亦称为间色。将三原色与二次色混合得到三次色，即复色：红橙、黄橙、黄绿、蓝绿、蓝紫和红紫。这 12 种色彩构成了基本色环。

色彩选取提示：

大多数涂料销售商会为客户调配自定义的色彩，如果在本书中看到一种色彩，并想在墙上粉刷这种色彩，只需带上这本书，从中选取样色即可。

在大面积粉刷涂料色之前，建议在墙上先涂一小片面积的测试区，并在一天的不同时间点观察色调与房间是否搭配。

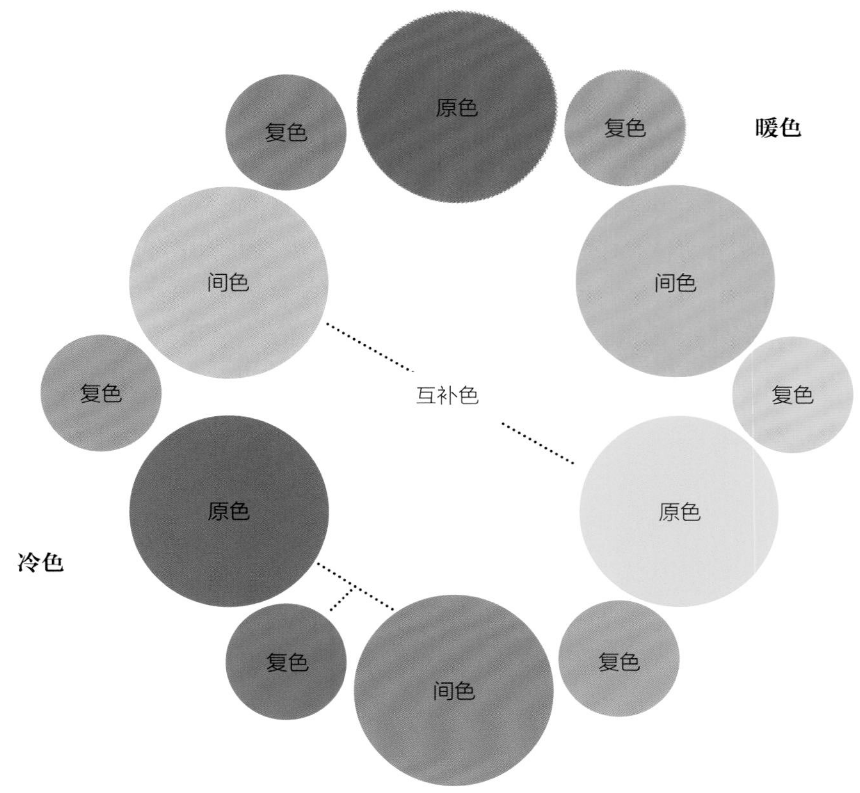

互补色彩是在色环上彼此相对的色彩，常见的色彩组合是蓝色和橙色、红色和绿色及黄色和紫色。这些色彩对比最强，可以使其补色看起来更加鲜活。补色间的张力营造出富有活力且动感十足的色彩组合。色环上彼此相邻的色彩称之为类似色，类似色营造出愉快、和谐的意象，适合与多种色彩搭配，看起来和谐不突兀。例如，本书中的一个类似色配色方案灵感来自大海，选取了蓝色、蓝绿色和绿色进行搭配。

构成色彩的其他要素是明度和色度。明度是指色彩的相对亮度或暗度。在某一色相中加入白色，会产生高明度色彩，也可称为淡色。在色相中加入黑色，产生暗色，即低明度色彩。在色相中加入灰色，会产生中明度色彩，并称为色调。色度，也称为强度或饱和度，与色彩的纯净度有关。在蓝色中加入足量灰色，饱和度比纯蓝色大大降低。也可以通过在色彩中加入少量的补色来降低饱和度。低饱和度色彩往往具有更自然和更柔和的特性。

本书中经常将某种色彩称为“暖色”或“冷色”。色环上，从黄绿色到紫色都是冷色调。冷色给人平静、轻松的感觉，视觉上往往淡化，因此多应用于家居环境，使房间看起来更大、更敞亮。从红紫色到黄色均为暖色，暖色往往给人愉悦快乐、精力充沛之感，应用于室内空间中，可以凸显视觉感，营造更加舒适亲切的氛围。

快快拿起本书，寻找灵感，搭配专属于自己的色彩组合。

目录

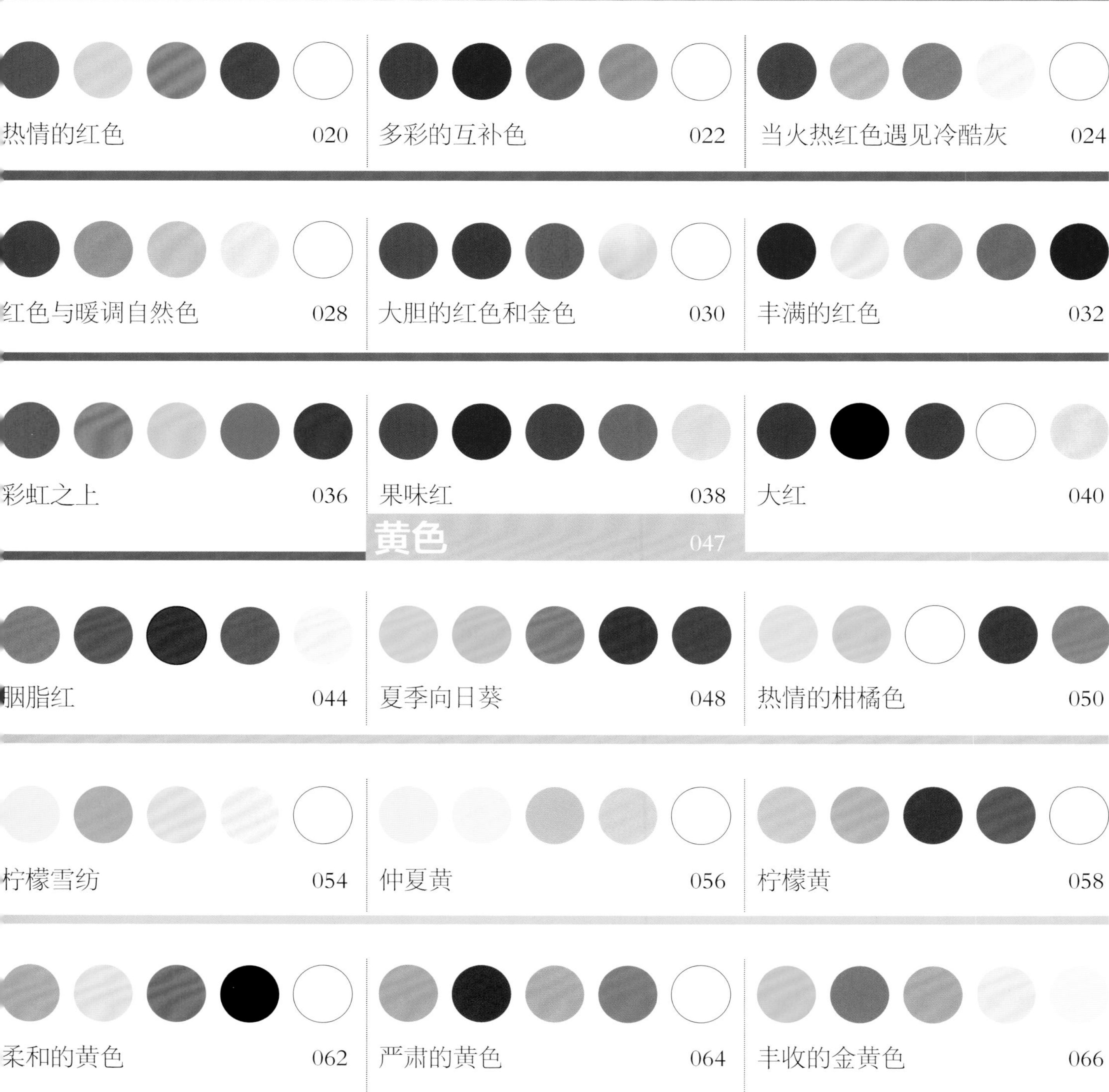

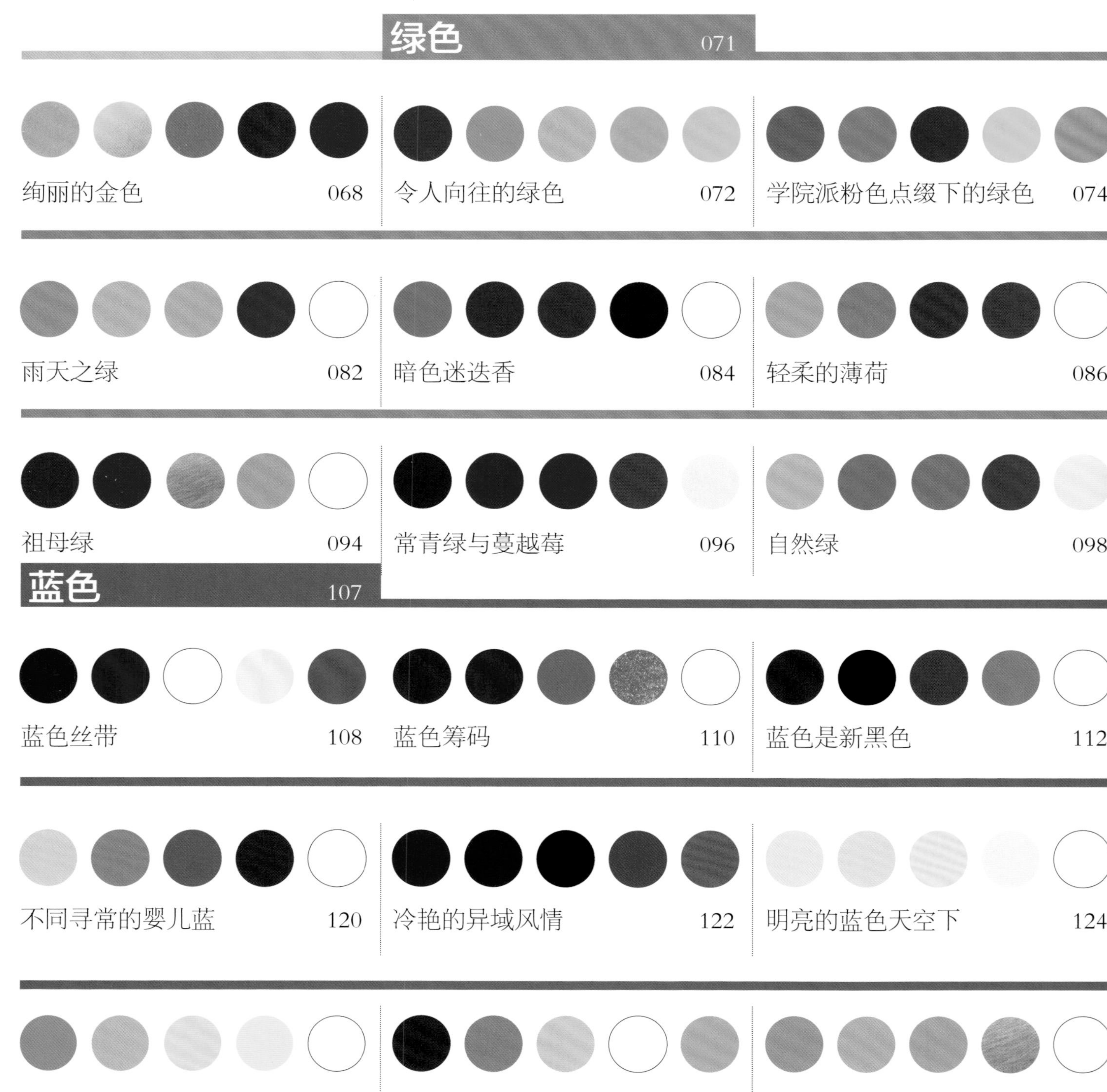

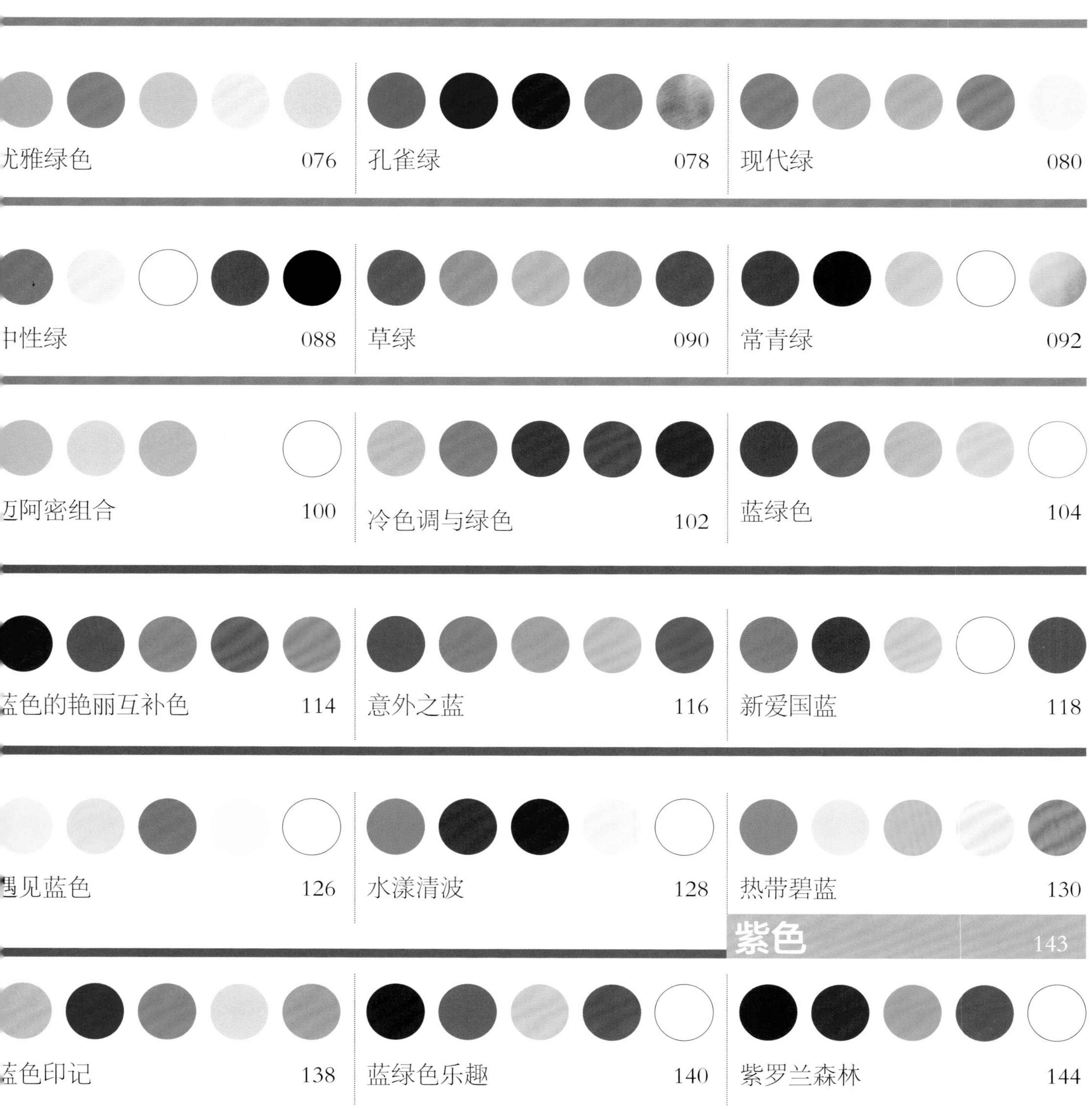

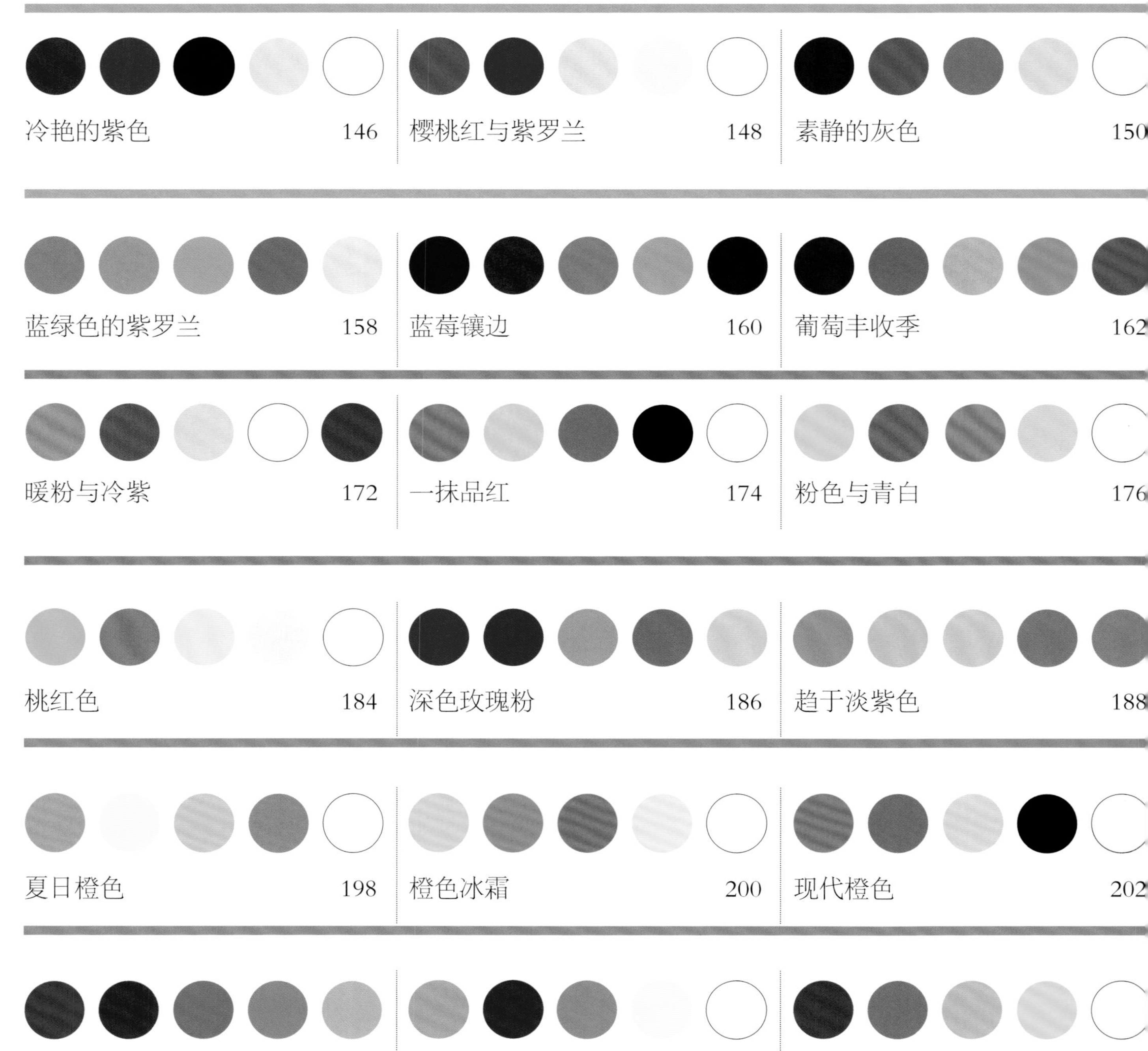

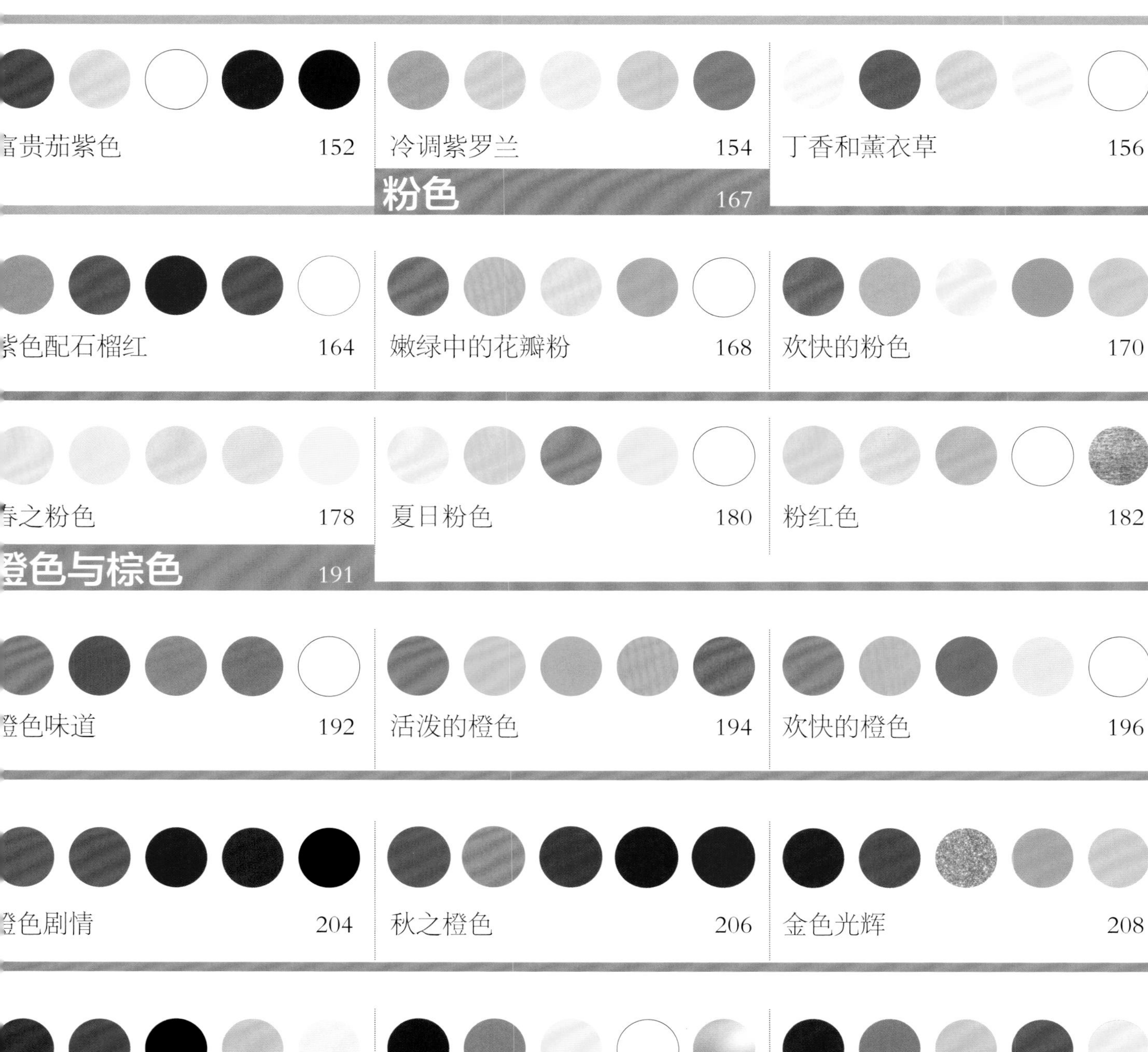

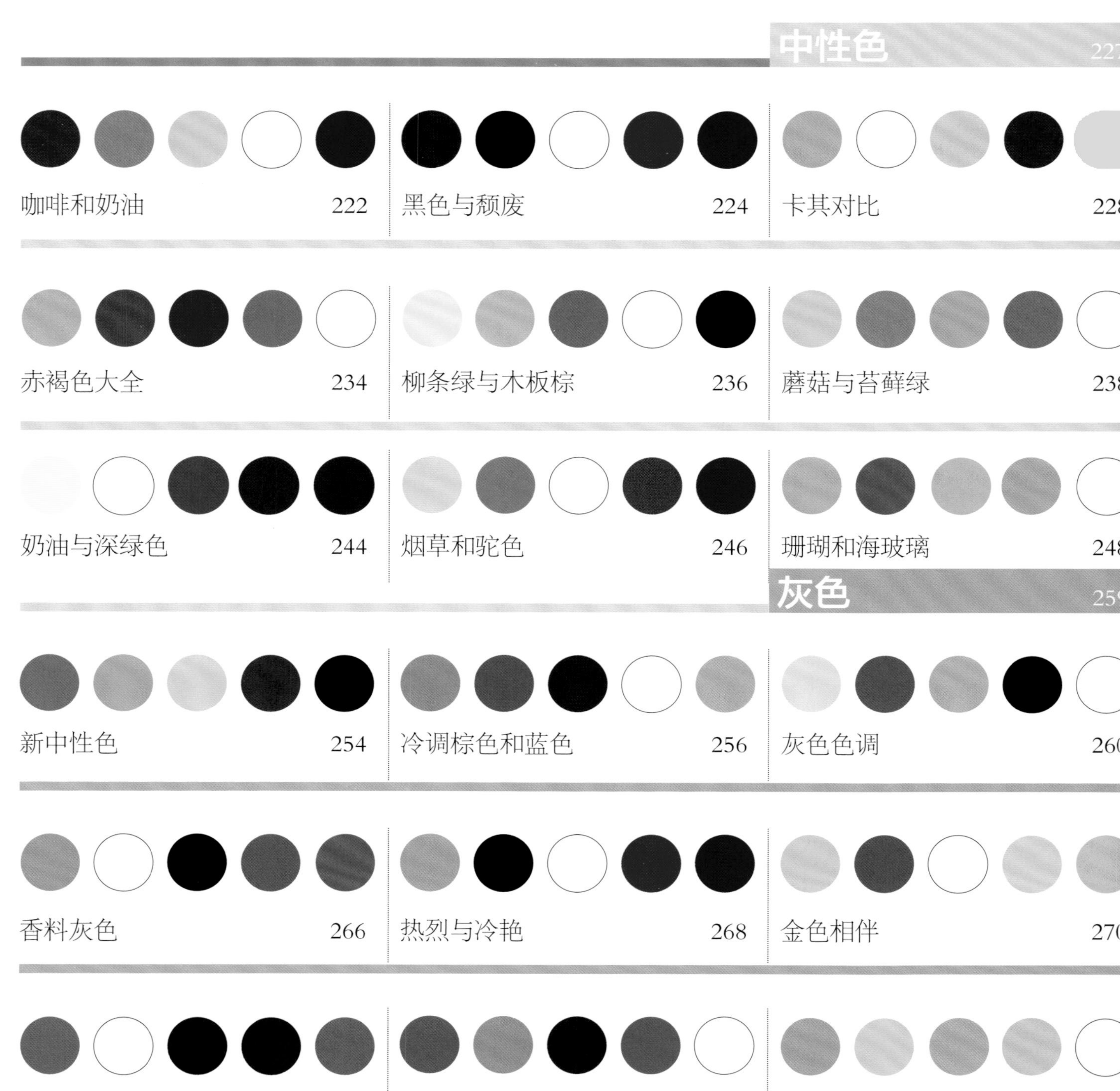

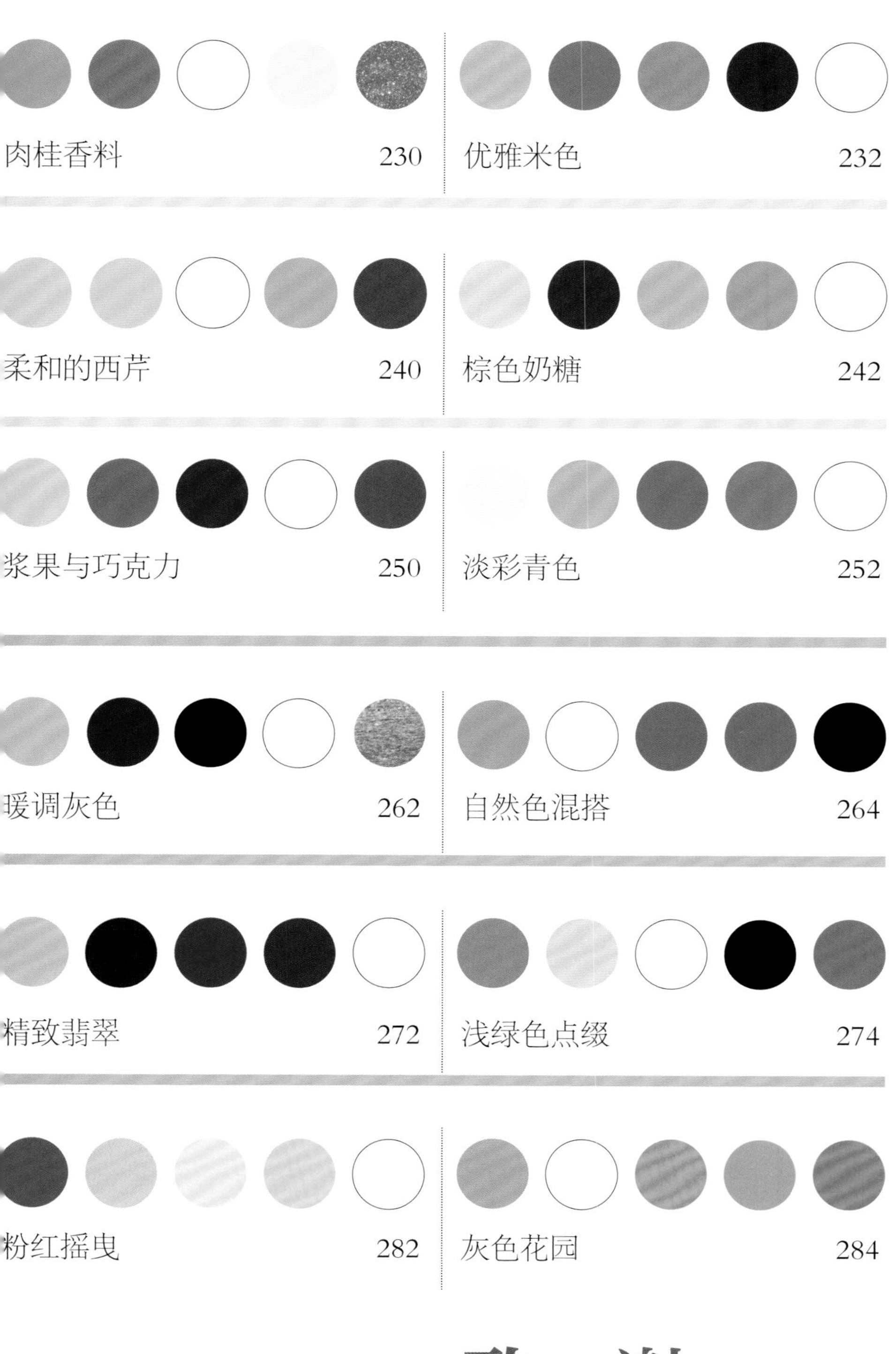

红色

无处不在的黑白红

经典的黑白配色方案，通过加入浓郁的红色，整体配色效果得以优化。将白色或浅灰色作为主色，给人明亮轻
之感。如果喜欢大胆或生动的视觉效果，可搭配红色或黑色的元素。

C:9 M:98 Y:100 K:2
C:27 M:100 Y:100 K:31
C:0 M:0 Y:0 K:100
C:26 M:23 Y:22 K:0
C:0 M:0 Y:0 K:0

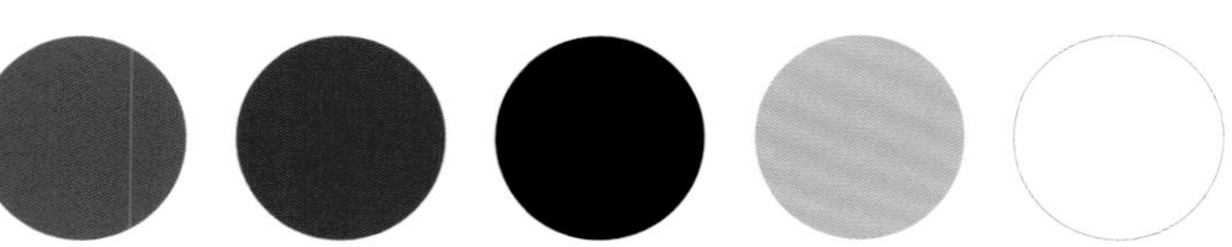

R:215 G:24 B:22
R:148 G:11 B:18
R:34 G:24 B:20
R:198 G:192 B:1
R:254 G:254 B:2

色彩缤纷的客厅主要采用冷色系——灰色和白色，但因配色中加入红色，依旧给人温暖的感觉，营造了一个醒目、热情的现代空间。

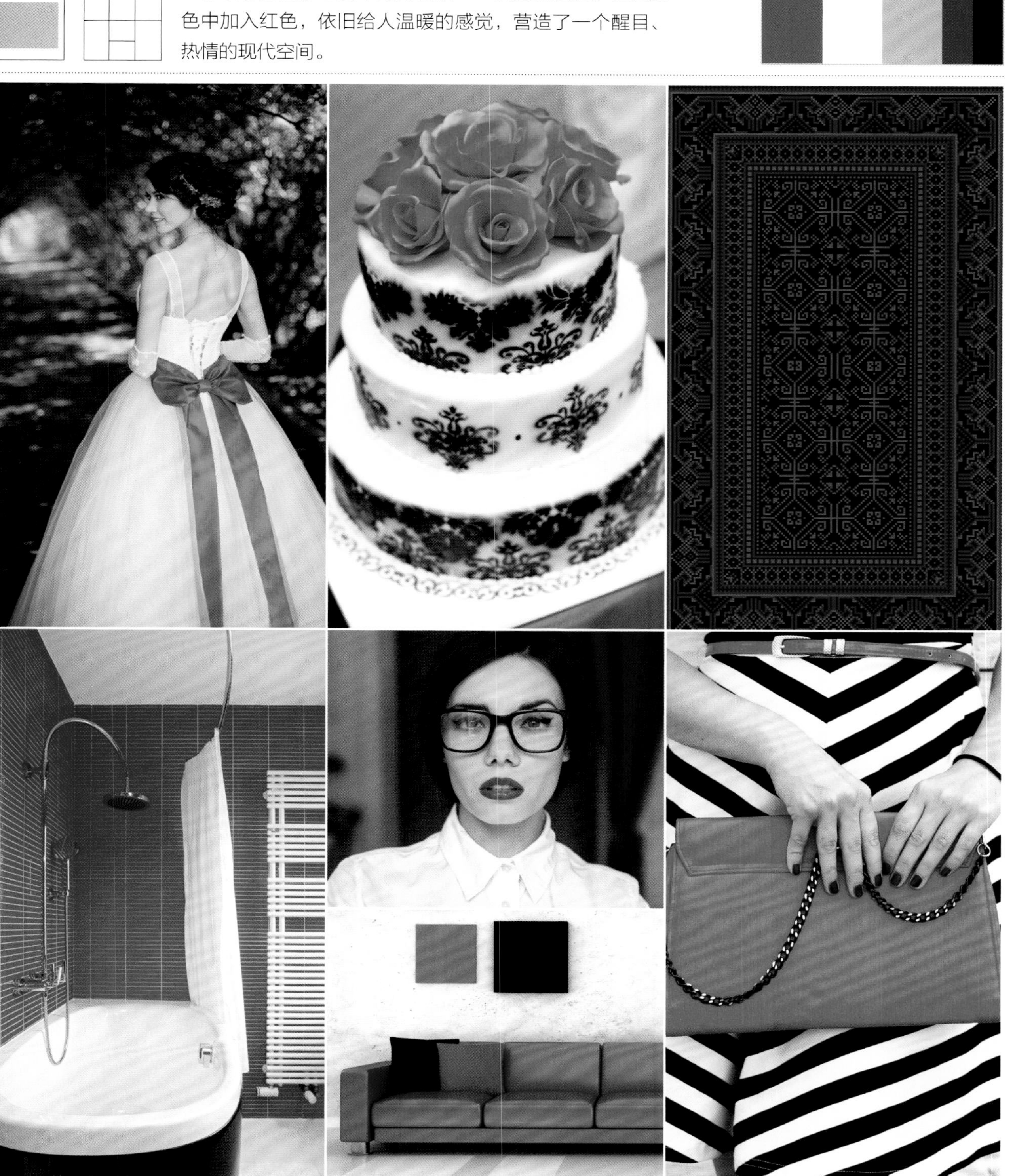

热情的红色

浓郁的柑橘色与鲜艳的红色相得益彰。这些色相在色环的暖色系中彼此相邻，尽管色相丰富多彩，但将之组合在一起，同样自成一体、完善和谐。

- C:10 M:100 Y:99 K:0
- C:8 M:11 Y:83 K:0
- C:1 M:78 Y:96 K:0
- C:83 M:46 Y:77 K:6
- C:0 M:0 Y:0 K:0

- R:217 G:16 B:23
- R:242 G:220 B:54
- R:234 G:89 B:16
- R:45 G:113 B:84
- R:254 G:254 B:2

通常认为红色、橙色、黄色的暖色度可以激发色彩碰撞。
色彩缤纷的马赛克拼贴瓷砖用作厨房后挡板是绝佳选择，
可将其作为整套房子的社交中心。

红色
黄色
绿色
蓝色
紫色
粉色
橙色与棕色
中性色
灰色

多彩的互补色

红色和绿色的互补配色洋溢着浓郁的节日风情。使用互补色相配色时，最好少量使用其中的一种色相，或选择该色相偏弱化的色调，以避免补色之间相互冲突。

- C:35 M:100 Y:89 K:2
- C:49 M:100 Y:92 K:26
- C:73 M:32 Y:64 K:0
- C:54 M:18 Y:50 K:0
- C:0 M:0 Y:0 K:0

- R:175 G:16 B:45
- R:124 G:14 B:34
- R:74 G:140 B:11
- R:129 G:174 B:1
- R:255 G:255 B:2

红色和绿色是圣诞主题活动中较受欢迎的色彩组合。例如在这个美丽的桌面摆台中，选取灰色调的绿色以提升配色效果。

当火热红色
遇见冷酷灰

通过灰色搭配使红色冷静下来。精美的冷暖混合尽显协调统一的超现代之美。闪亮的锡或银元素为空间注入了几分优雅。

C:20 M:100 Y:100 K:0
C:31 M:26 Y:17 K:0
C:48 M:44 Y:43 K:0
C:6 M:9 Y:20 K:0
C:0 M:0 Y:0 K:0

R:192 G:18 B:26
R:188 G:185 B:195
R:150 G:141 B:135
R:242 G:233 B:210
R:255 G:255 B:255

装饰简约而精妙的卧室中，深灰色墙面与艳红的床单形成了鲜明的冷暖色对比。白色和奶油色的点缀避免空间过于灰暗压抑。

对比色的相互吸引

红橙和蓝绿是互补色，在色环上也是对立色，两色搭配以彰显活力。这些对比色与黑色及白色相配，可形成青春洋溢、活力四射且夺人眼目的撞色效果。

- C:0 M:100 Y:100 K:0
- C:22 M:100 Y:100 K:18
- C:78 M:12 Y:37 K:0
- C:0 M:0 Y:0 K:0
- C:0 M:0 Y:0 K:100

- R:229 G:0 B:17
- R:174 G:16 B:24
- R:0 G:16 B:167
- R:254 G:254 B:25
- R:34G:24 B:20

在全白的空间中，加入几个精心调配的点缀色，以彰显个性。餐厅洁净、圆润、现代，红色和蓝色的点缀使空间更加活泼生动、朝气蓬勃。

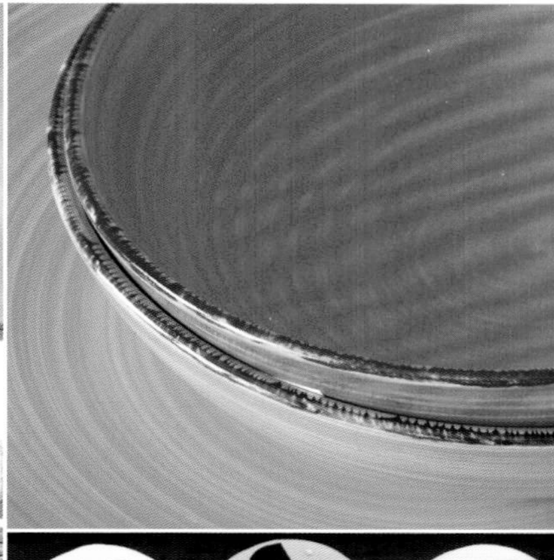

红色与暖调自然色

纯红色大胆激进，但若将之与其他暖色相搭配，尤其是柔软、中性的色彩，可弱化红色醒目、张扬的意象。柔和的灰色增添了配色方案的现代感。

- C:23 M:100 Y:100 K:0
- C:28 M:38 Y:63 K:0
- C:16 M:26 Y:32 K:0
- C:15 M:11 Y:9 K:0
- C:0 M:0 Y:0 K: 0

- R:196 G:17 B:26
- R:195 G:163 B:10
- R:219 G:194 B:17
- R:223 G:224 B:22
- R:254G:254 B:254

红色可以增强食欲，再配以柔和的光线，确实是完美的色彩方案，适用于餐厅及其他吃喝玩乐的商业空间。

大胆的红色和金色

红色代表力量、活力和激情，金色象征乐观、成功和奢侈。红色与金色的搭配组合，迸发出强有力的动感。因红色与金色都是耀眼的色彩，故在配色时应该更加谨慎。

- C:24 M:100 Y:100 K:0
- C:37 M:100 Y:87 K:0
- C:0 M:99 Y:70 K:0
- C:3 M:10 Y:63 K:0
- C:0 M:0 Y:0 K:0

- R:195 G:17 B:26
- R:171 G:16 B:46
- R:230 G:255 B: 5
- R:248 G:231 B:1
- R:255 G:255 B:2

夸张的配色方案适用于非居住型功能空间，如楼梯、走廊和化妆间。大胆张扬的红色与金色相搭配，空间既舒适又富有魅力。

丰满的红色

酒红色在富贵洋气的配色方案中是点睛之色。此配色适用于卧室或餐厅，营造出温馨亲切的氛围。在时尚界，
红色是高贵与自信的象征。

- C:47 M:100 Y:100 K:21
- C:4 M:17 Y:28 K:0
- C:17M:36 Y:56 K:0
- C:38 M:61 Y:79 K:0
- C:51 M:100 Y:100 K:33

- R:134 G:9 B:24
- R:245 G:220 B:1
- R:218 G:173 B:1
- R:113 G:115 B:67
- R:114 G:16 B: 5

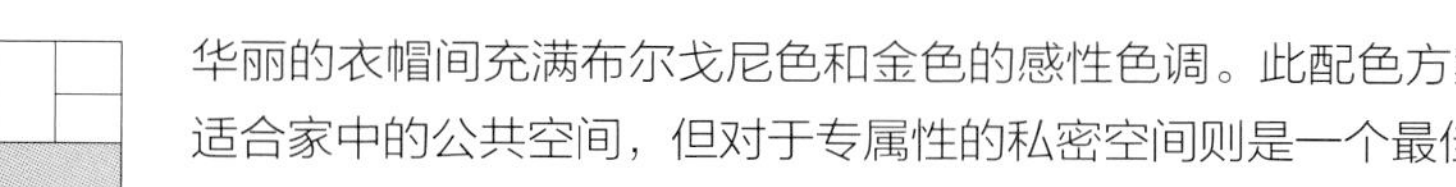

华丽的衣帽间充满布尔戈尼色和金色的感性色调。此配色方案或许不适合家中的公共空间，但对于专属性的私密空间则是一个最佳选择。

黄褐色调

美丽、低调的红色掺杂着丝许棕色、橙色的视觉效果，看起来更加自然柔和。丰富浓郁的配色方案适用于秋季的场合或寒冷地带的家居装饰。

C:32 M:97 Y:92 K:46
C:24 M:95 Y:89 K:17
C:25 M:80 Y:90 K:10
C:16 M:18 Y:69 K:0
C:6 M:6 Y:8 K:0

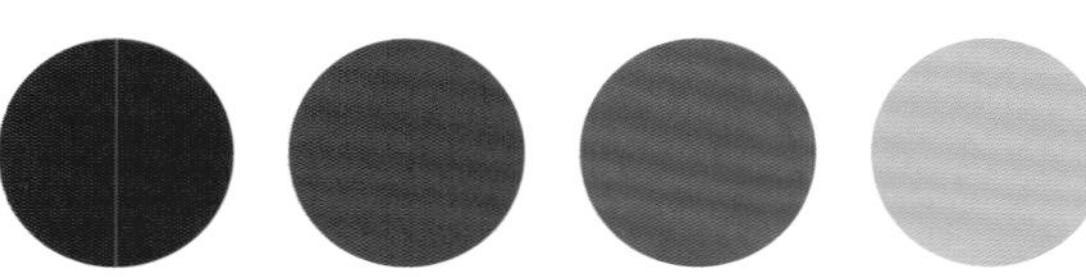

R:120 G:12 B:16
R:173 G:35 B:36
R: 182 G:75 B:39
R:223 G:203 B:94
R:242 G:239 B: 2

如果追求深色及戏剧性配色的外墙效果，可尝试此配色方案，热情的暖色和丰富的色调使其摆脱了暗淡与沉闷。

彩虹之上

这套色彩鲜艳的配色适用于聚会的场合，给人轻快欢乐的意象。欢快的配色方案也适用于儿童娱乐空间，或应用于阳光照耀下的建筑外立面，更加生动。

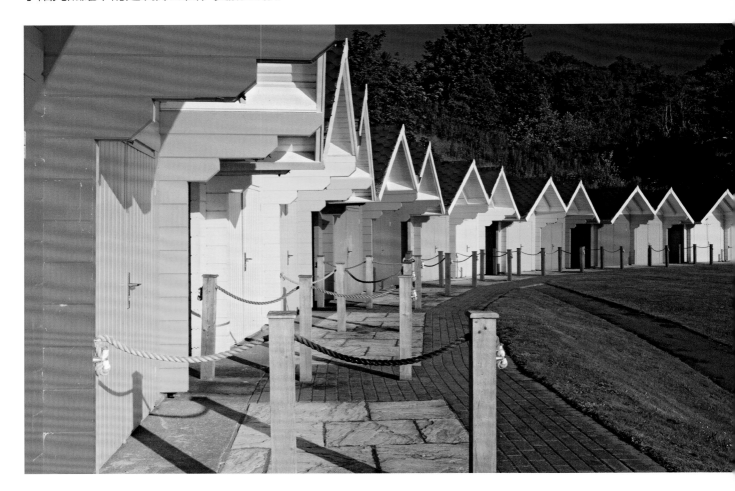

C:0 M:98 Y:77 K:0
C:0 M:77 Y:99 K:0
C:6 M:15 Y:91 K:0
C:75 M:1 Y:99 K:0
C:87 M:75 Y:0 K:0

R:230 G:6 B:48
R: 235 G:92 B:
R:244 G: 214 B
R:34 G:171 B:5
R:50 G:73 B: 1

彩虹般的大胆配色应该注意使用场合。海边小屋的简洁造型和细节使其能够承受如此明亮多彩的配色方案。若在装饰较多的建筑构造中加入彩虹色，则令人感到繁乱。

果味红

多汁的草莓红、樱桃红和树莓红组成了略显颓废文艺风格的配色方案。艳丽的色彩通常适合搭配节奏感强的深
调，如清脆的蓝灰色，再加入一丝春天般的嫩绿色则会令人耳目一新。

C:26 M:100 Y:91 K:0
C:53 M:100 Y:67 K:0
C:38 M:100 Y:27 K:0
C:60 M:49 Y:35 K:0
C:19 M:5 Y:40 K:0

R:191 G:17 B:41
R:124 G:9 B:58
R: 171 G:10 B:10
R:120 G:125 B:14
R:217 G:225 B: 1

用充满活力的红色背景墙激活家中最常用的交流空间。大面积的浅中性色调以冷色调为点缀，可以平衡高能量色彩，如房门选用的铁灰蓝。

大红

高饱和度的红色醒目感性、引人注目，带给人正能量。与坚实稳重的中性色搭配，红色占据舞台中心与黑色、深灰色、暖白色和纯白色搭配，红色更加光彩夺目。

- C:37 M:100 Y:100 K:3
- C:93 M:88 Y:89 K:80
- C:72 M:66 Y:58 K:14
- C:0 M:0 Y:0 K:0
- C:13 M:17 Y:17 K:0

- R:171 G:9 B:33
- R: 0 G:0 B:0
- R:88 G: 86 B:91
- R:255 G:255 B:25
- R:226 G:214 B: 20

为提升房子的视觉效果，让访客直达入口，采用深红色的大门，同时降低墙面色调的明度和彩度，以免喧宾夺主。

红色倾向

驾驭如红色这类激进色彩时，降低使用量，也可
取同色系低饱和度的色彩。例如，增加红色的明
（淡红色，红色中加入白色）、降低彩度（灰红色，
红色中加入灰色）和降低明度（暗红色，红色中
入黑色），比纯红色更柔和、更有质感。

- C:11 M:82 Y:63 K:1
- C:48 M:79 Y:57 K:46
- C:37 M:43 Y:62 K:8
- C:71 M:46 Y:18 K:1
- C:0 M:0 Y:0 K:0

- C:11 M:82 Y:63 K:
- C:48 M:79 Y:57 K:
- C:37 M:43 Y:62 K:
- C:71 M:46 Y:18 K:
- C:0 M:0 Y:0 K:0

同一色相不同色调的微妙改变，使装饰风格更加迷人。不同层次、色调饱满的红色尽显优雅高贵。

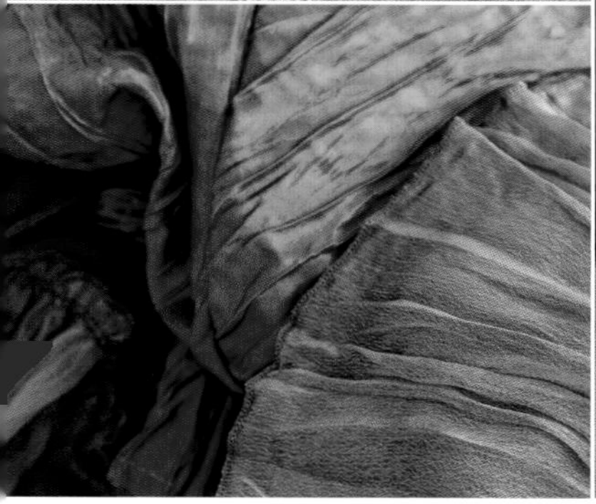

胭脂红

柔软且略带褪色的红橙色具有永恒的优雅。低彩度的铜色和陶土色调可以搭配各种色彩，无论是时尚造型还是家居装饰，都非常百搭。

C:24 M:60 Y:62 K:0

C:20 M:88 Y:100 K: 0

C:48 M:89 Y:100 K:18

C:47 M:64 Y:93 K:0

C:4 M:10 Y:17 K:0

R:198 G:123 B:9

R: 202 G:61 B:24

R:137 G: 51 B:24

R:150 G:102 B:5

R:246 G:233 B: 2

餐厅完美展示了不同暖色调与高饱和度色彩之间的搭配。尽管仅使用了非常少的不同色相，但由于是各种类型红色、棕色和橙色的组合，因此整体感觉非常协调。

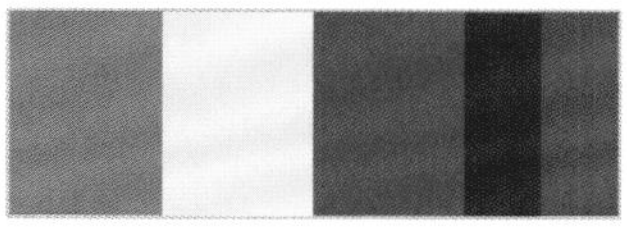

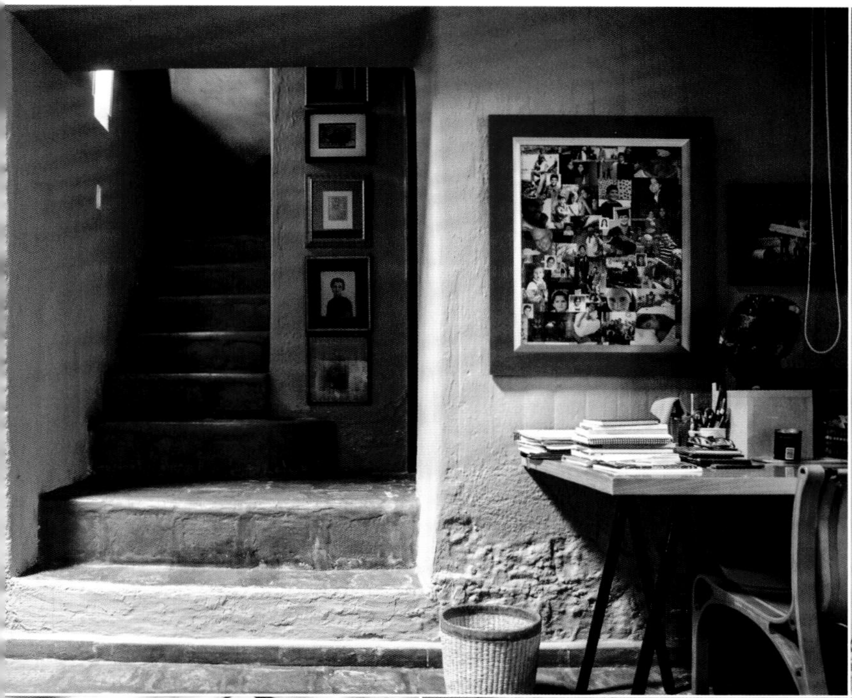

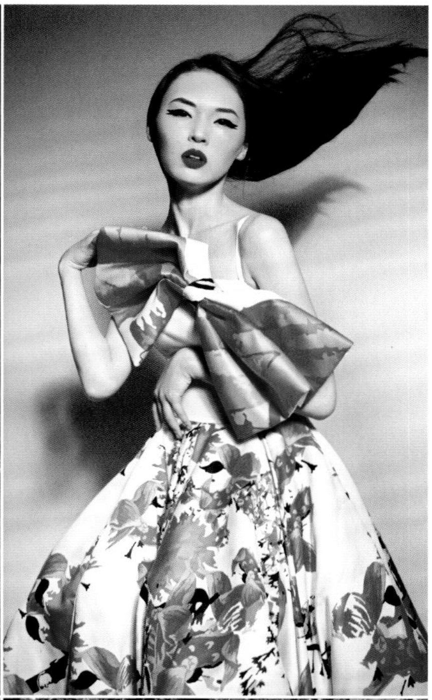

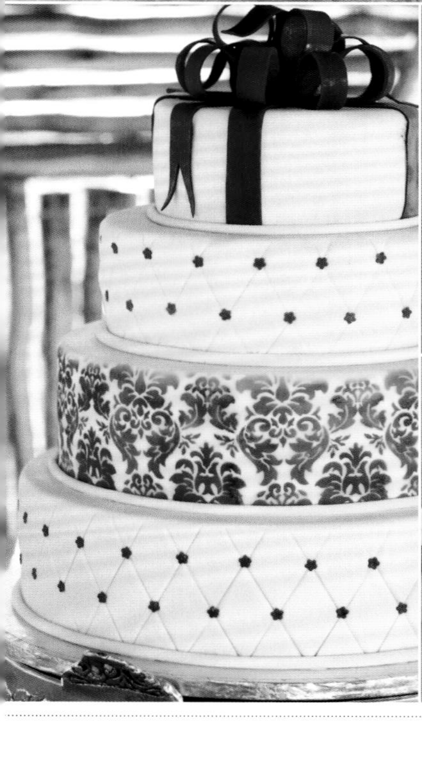

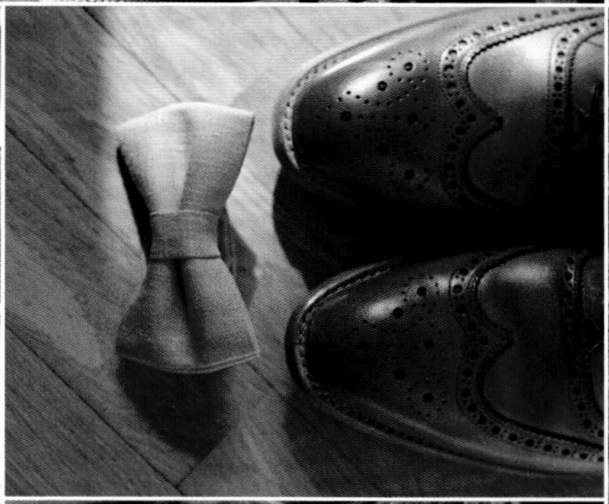

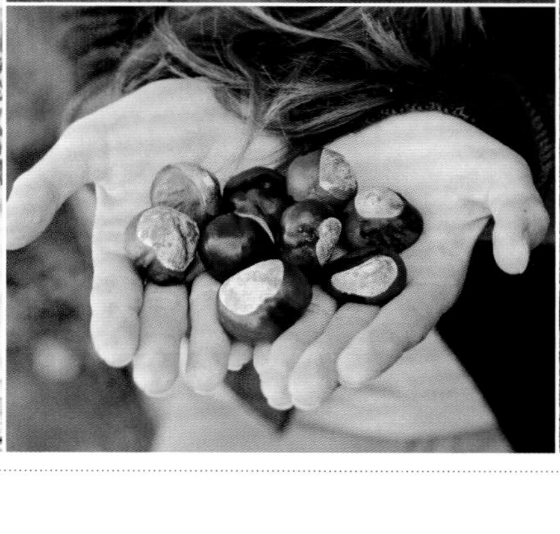

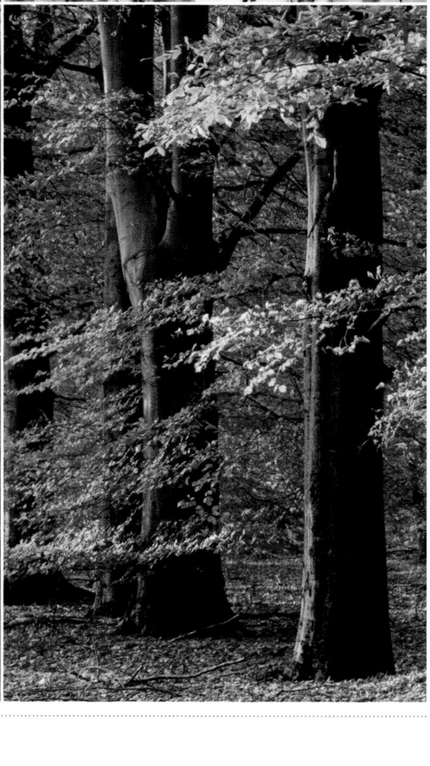

黄色

夏季向日葵

生动鲜活的黄色、橙色配以深褐红及叶绿色，此配色方案的灵感来自夏日里的向日葵。如此活力四射的配色，洋溢着欢愉与快乐。

- C:5 M:16 Y:91 K:0
- C:5 M:35 Y:93 K: 0
- C:13 M:71 Y:98 K:0
- C:43 M:98 Y:100 K:11
- C:80 M:44 Y:100 K:5

- R:245 G:212 B:8
- R: 241 G:179 B:
- R:217 G: 102 B:
- R:152 G:34 B:2
- R: 61 G:11 B: 50

温馨和谐、生机勃勃的色彩堪称“强强组合”。这类生动的配色方案适用于儿童使用的空间，如活泼俏皮的浴室等。同时，需要在背景墙中配以一定比例的白色，以平衡艳丽明快的色彩。

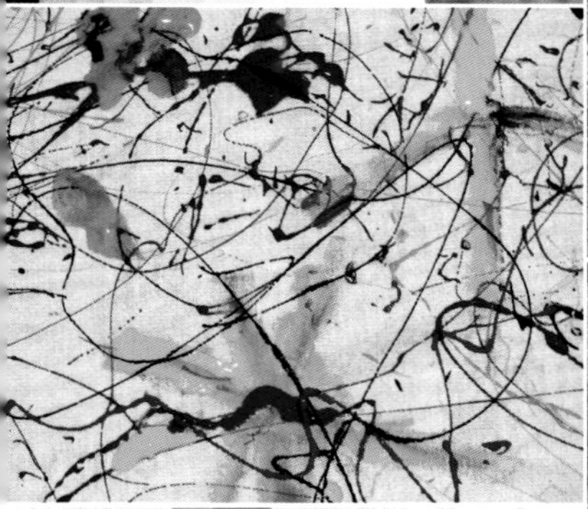

热情的柑橘色

在大自然中寻求令人愉快和轻松无压的配色方案
无论是盛开的花朵还是市场上展示的新鲜农产品
这些丰润饱满的色彩都使人感官愉悦。

C:4 M:5 Y:81 K:0
C:5 M:24 Y:92 K: 0
C:0 M:0 Y: 0 K:0
C:78 M:50 Y:100 K:14
C:51 M:19 Y:100 K:0

R:251 G:233 B:6
R: 243 G:199 B:8
R:255 G: 255 B:2
R:66 G:103 B:42
R:144 G:172 B: 3

夏日花园派对的配色方案表达了对大自然恩赐的庆祝。用可爱的黄色和绿色花朵或成熟的当季水果装点餐桌，无疑是美好的呈现。

天空中的太阳

黄色暗示温暖的阳光，深蓝色的色调象征大海与天空。来自户外的黄色和蓝色补色搭配，可形成富有趣味、动
十足的配色方案。

C:8 M:13 Y:92 K:0
C:6 M:24 Y:67 K: 0
C:79 M:51 Y:15 K:1
C:93 M:72 Y:20 K:5
C:0 M:0 Y:0 K:0

R:240 G:215 B:0
R: 240 G:200 B:
R:52 G: 122 B:1
R:12 G:76 B:136
R:254 G:254 B:

婚礼仪式中可以大胆使用引人注目的高动能配色。若选用此类具有存在感的色相，注意所有物品应形式简洁，包括捧花、伴娘服饰及桌面摆台等。

柠檬雪纺

黄色可能很难搭配，因为它往往过于抢眼，可以选用淡黄色（黄色中加入白色）来将之柔化。配色中，低纯度淡
黄色通常用作中性色调。

C:4 M:4 Y:42 K:0	R:249 G:240 B:16
C:2 M:45 Y:94 K: 0	R: 241 G:160 B:0
C:5 M:17 Y:50 K:0	R:244 G: 216 B:1
C:8 M:18 Y:4 K:0	R:236 G:217 B:22
C:0 M:0 Y:0 K:0	R:255 G:255 B: 2

温馨的婴儿房墙上涂刷了淡黄色，色调柔和适中，恰到好处。涂料的色彩逐渐暗淡褪去，这一改变刚好顺应房间从婴儿房到儿童房的过渡。

仲夏黄

轻松愉悦、阳光渐去的配色方案令人仿佛置身海滩或池畔。所有夏日主题配色方案均可选用黄色作为基本色，
和冰糕黄搭配薄荷绿及些许蓝色，引人注目，堪称经典。

C:8 M:0 Y:42 K:0	R:242 G:243 B:17
C:6 M:8 Y:27 K: 0	R: 244 G:234 B:1
C:39 M:0 Y:32 K:0	R:167 G: 215 B:1
C:34 M:8 Y:7 K:0	R:178 G:212 B:23
C:0 M:0 Y:0 K:0	R:255 G:255 B: 2

现当代建筑可考虑采用这种大胆张扬的外立面配色方案。如果家居风格相对传统，而且不想将之装点得过于明亮，可以考虑把前门粉刷成充满活力的仲夏黄。

柠檬黄

尝试一下这种酸酸甜甜的色彩搭配。“黄带绿”的色调营造出雅致清爽的氛围，与朗姆葡萄红色及深翡翠绿色等厚重的色彩极为相配。

C:16 M:11 Y:79 K:0	R:225 G:214 B:74
C:19 M:18 Y:92 K: 0	R: 218 G:198 B:24
C:82 M:55 Y:77 K:18	R:51 G: 93 B:72
C:47 M:70 Y:71 K:5	R:150 G:94 B:75
C:0 M:0 Y:0 K:0	R:255 G:255 B: 25

如果婚礼恰逢夏日，漂亮的黄绿配色一定不会错，所有色相均在黄绿之间。这一新鲜配色预示着一个新的开始。

冷色调与黄色

简洁、酷炫和优雅的配色通常以灰色和黑色为底色，再点缀以亮黄色，使之变得明快。耀眼的黄色最好小面积使用并与中性色相搭配。

- C:8 M:3 Y:100 K:0
- C:7 M:4 Y:54 K:0
- C:0 M:0 Y:0 K:0
- C:35 M:26 Y:29 K:0
- C:0 M:0 Y:0 K:100

- R:243 G:230 B:0
- R: 243 G:235 B:1
- R:254 G: 254 B:2
- R:178 G:180 B:17
- R:34 G:24 B: 20

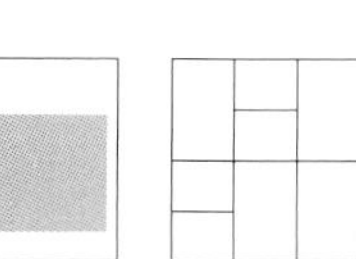

如果倾向于蜜蜂或类似黄色出租车的黄黑配色，可以借鉴客厅的配色，大面积的白色及少量的灰色相搭配，通常可以柔化黄黑组合的硬朗。

柔和的黄色

可以选择带点灰色或浅棕色的黄色，以降低活跃度，并防止出现荧光。配上红色、白色和黑色，给人强势，且
形化的感觉。

C:16 M:27 Y:83 K:0
C:5 M:16 Y:49 K: 0
C:0 M:91 Y:90 K:0
C:93 M:88 Y:89 K:80
C:0 M:0 Y:0 K:0

R:222 G:187 B:6
R: 244 G:217 B:1
R:232G: 52 B:31
R:0 G:0 B:0
R:255 G:255 B:2

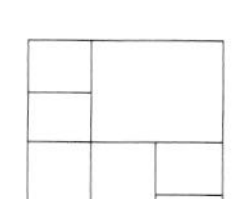

偏棕色的黄色或许并不适合众多肤色。使用色彩来代替配饰，如同这个奇妙的手链——一个绝佳的点睛之笔。

严肃的黄色

芥末黄由于带有很重的褐色调，因此比较难以掌控，通过与钢质的蓝灰色以及健康的白色相搭配，重新赋予其鲜活旺盛的生命力。

- C:17 M:31 Y:97 K:0
- C:86 M:77 Y:56 K:22
- C:35 M:26 Y:29 K:0
- C:61 M:19 Y:77 K:0
- C:0 M:0 Y:0K:0

- R:219 G:179 B:2
- R: 61 G:63 B:82
- R:178 G:180 B:1
- R:114G:165 B:92
- R:255 G:255 B: 2

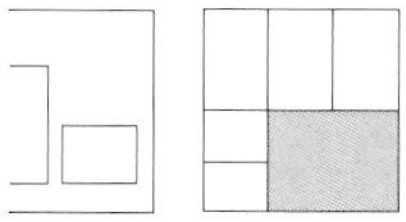

浓烈的芥末色和冷灰色搭配在一起，可以布置绝妙的桌面摆台。通过重复小面积的艳丽黄色，营造视觉节奏感，并引导视线在空间中移动。

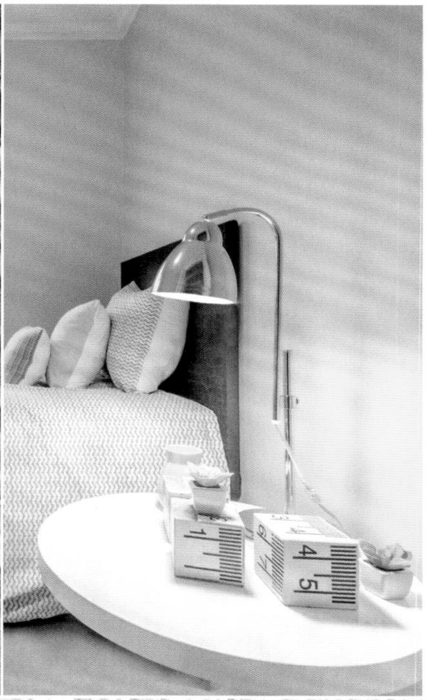

丰收的金黄色

黄色向橙色过渡，仿佛是落日或等待收割的麦田发出的温柔闪烁的光芒。在这个明亮的色彩方案中，暖棕色、
色和奶油色作为辅助中性色使用。

C:4 M:37 Y:79 K:0
C:39 M:55 Y:73 K:0
C:27 M:33 Y:49 K:0
C:6 M:11 Y:32 K:0
C:0 M:5 Y:17 K:0

R:241 G:178 B:6
R: 172 G:165 B:7
R:197 G: 172 B:3
R:243 G:228 B:1
R:254 G:244 B: 2

利用色彩来提升空间的温度和亮度。例如，在这个空间中，如果浴室缺乏自然光，则采用暖色调的黄橙色，仿佛沐浴在温暖的阳光中。

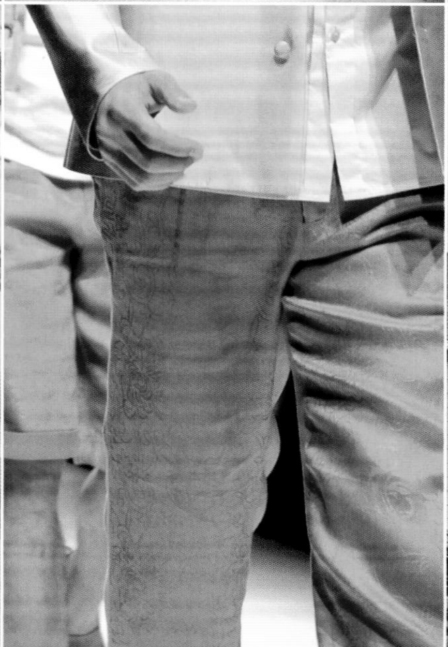

绚丽的金色

这套温馨、丰富的配色是秋天的最佳色调。对于温
馨友善的地方或空间来说，这是理想的色彩方案，
加入闪闪发光的金色元素，以中和厚重的深棕色调

C:2 M:47 Y: 95 K:0
C:8 M:27 Y:78 K:1
C:24 M:52 Y:94 K:6
C:24 M:52 Y:94 K:6
C:33 M:100 Y:58 K:25

R:241 G:157 B:
R: 241 G:199 B:
R:194 G: 132 B:
R:96 G:65 B:38
R:148 G:11 B:62

选择灯具时，需考虑阴影的色彩，以免影响光线质量。暖色光照散发出一种更温暖、更愉悦的光线，让人联想起蜡烛和炉火。

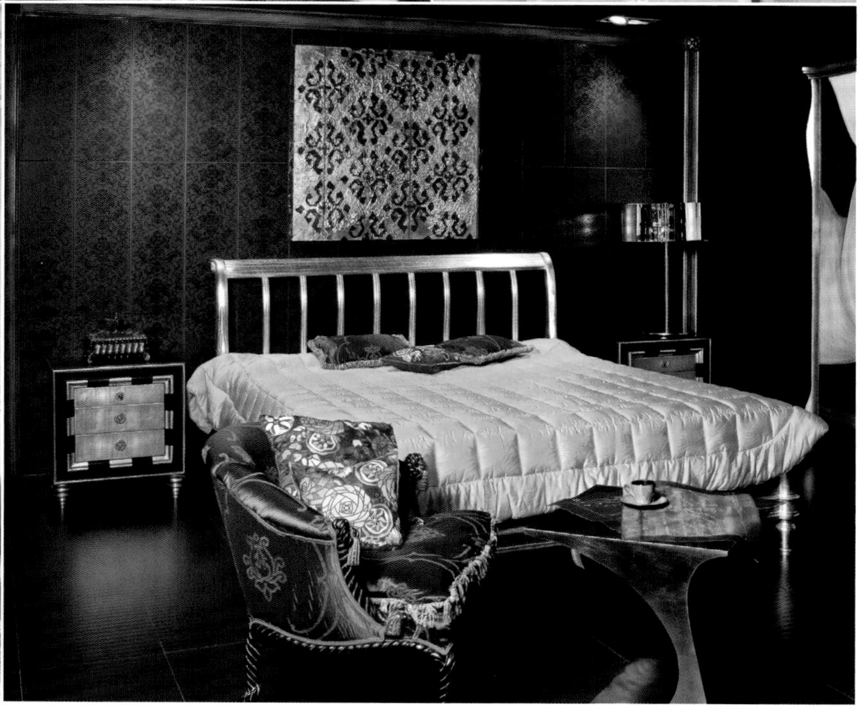

绿色

令人向往的绿色

大胆有趣的配色方案尽显异国情调，非常适合聚会的场合。无论是激发食欲，还是消磨时光，热情且充满灵性
配色方案始终带给人节日般的愉快心情。

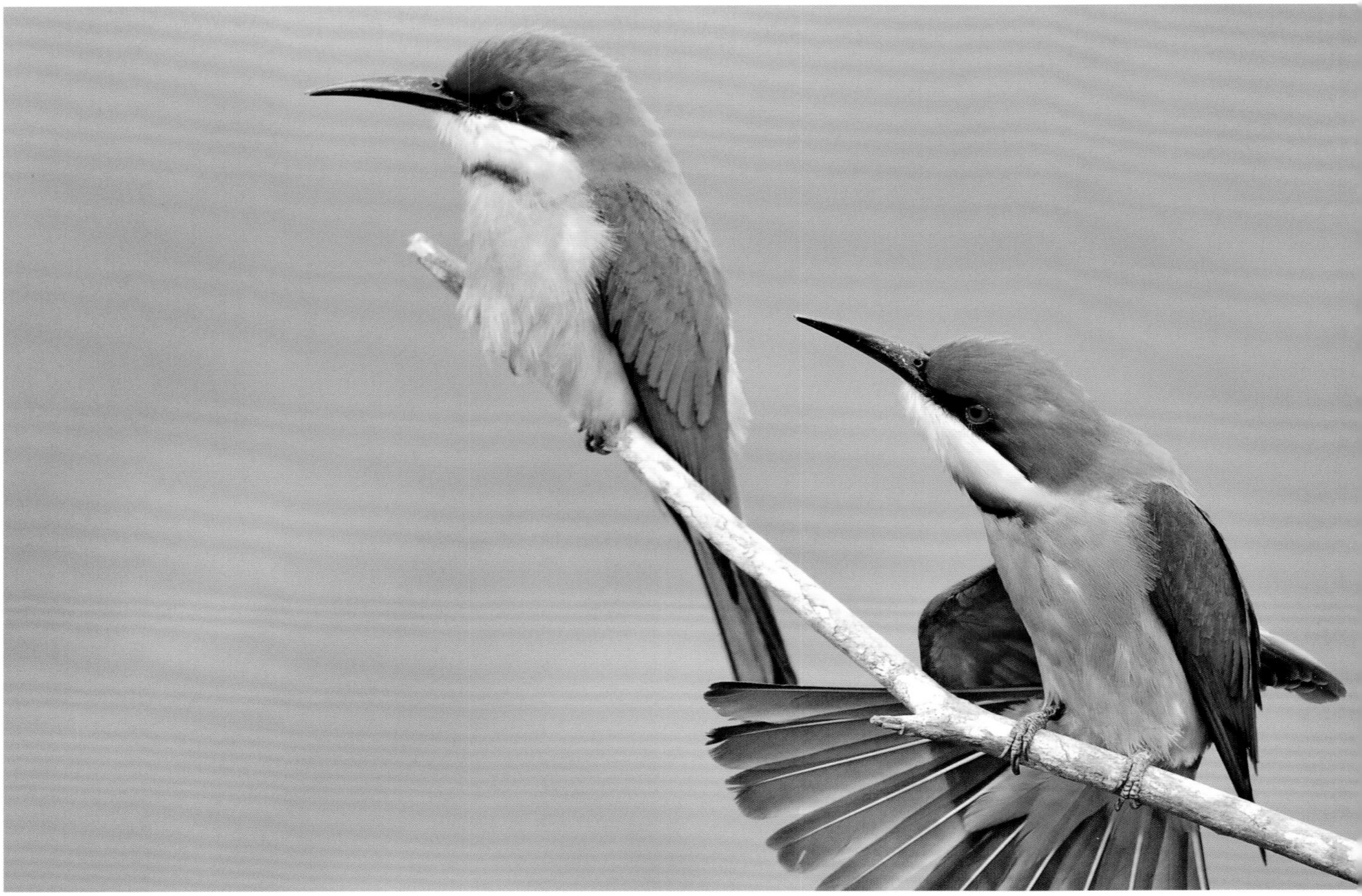

- C:77 M:40 Y: 98 K:36
- C:50 M:5 Y:98 K:0
- C:26 M:27 Y:28 K:0
- C:0 M:47 Y:98 K:0
- C:0 M:19 Y:93 K:0

- R:48 G:94 B:39
- R: 144 G:190 B:3
- R:198 G: 185 B:1
- R:244 G:157 B:0
- R:254 G:211 B:0

绿色通常用作插花布置的基本色，可以通过叶子、根茎或其他绿色部分来实现。搭配一些充满活力且夺人眼目的橙色会增色不少。相信这个有趣且现代的配色方案定会引人注目。

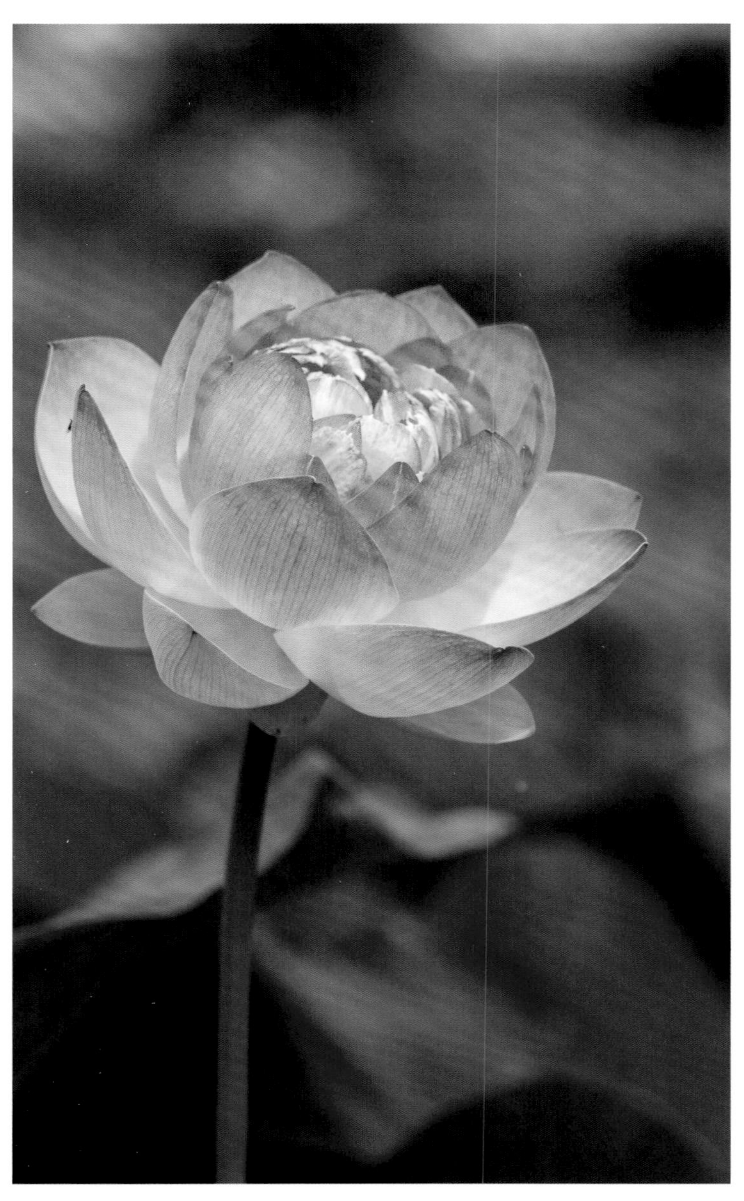

学院派粉色
点缀下的绿色

粉红色和叶绿色在色环上彼此相对，为互补色。色搭配对比效果最强烈。提升黄绿色方案的最佳法是加入粉红色做点缀。

- C:73 M:24 Y: 100 K:8
- C:49 M:23 Y:100 K:3
- C:85 M:39 Y:97 K:36
- C:1 M:40 Y:0 K:0
- C:0 M:75 Y:11 K:0

- R:71 G:141 B:52
- R: 147 G:165 B:3
- R:9 G: 92 B:43
- R:243 G:180 B:2
- R:234 G:96 B:14

若不想让粉红色看起来如糖果般甜蜜，可以配以暗色调的绿色。此卧室的色彩搭配中，柔和的黄绿色和漂亮的粉红色完美结合。这个可爱的房间不仅可以当作儿童房，也同样适用于正在成长的青少年。

优雅绿色

柠檬绿是一种充满活力的黄绿色，可以独立存在，或配以草本植物的绿色及大面积的柔和蓝灰色，使其更加柔软

C:35 M:1 Y: 79 K:0
C:62 M:10 Y:73 K:0
C:31 M:0 Y:44 K:0
C:14 M:7 Y:11 K:0
C:0 M: 0 Y:0 K:201

R:183 G:211 B:83
R: 105 G:175 B:1
R:189 G: 220 B:1
R:266 G:231 B:22
R:220 G:221 B: 2

绿墙色彩中有些许黄色，使整个房间变得柔软亲切、令人愉悦。既显得大胆，突出色彩墙，又足够温和，作为背景衬托其他更加鲜艳的色相。

孔雀绿

丰富的孔雀绿与蓝色相搭配，构成大胆时尚的配色。这个配色中没有柔软素净的色彩，所以适用于想要凸显的
品，引人注目。

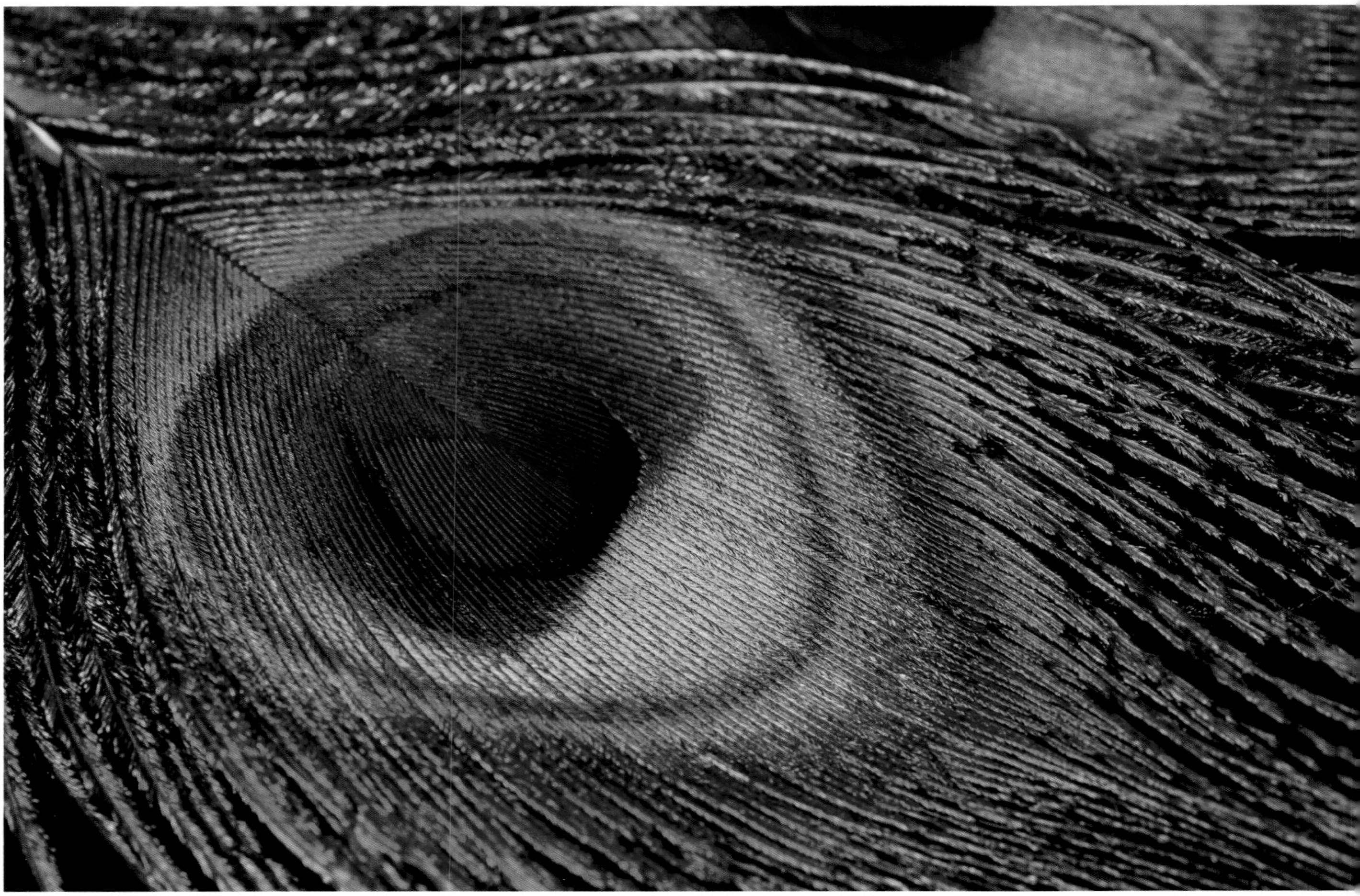

- C:83 M:6 Y: 99 K:0
- C:90 M:38 Y:100 K:38
- C:97 M:88 Y:12 K:2
- C:75 M:29 Y:0 K:0
- C:15 M:51 Y:47 K:11

- R:0 G:160 B:62
- R: 0 G:89 B:41
- R:24 G: 54 B:13
- R:38 G:145 B:2
- R:202 G:135 B:

连衣裙中的绿色偏蓝色调，所以与蓝色搭配非常和谐。由于色相相似，因此图案相当细腻。这是一种配色技巧，让人穿着色彩艳丽的衣服，还不被强烈的图案淹没。

现代绿

高饱和度的绿色与浓烈的柑橘色非常相配，是中
纪流行的配色方案，现在又重新引领时尚潮流。
用此种热烈的配色方案时，最好由一种或两种色
主导，其余色彩作为点缀。

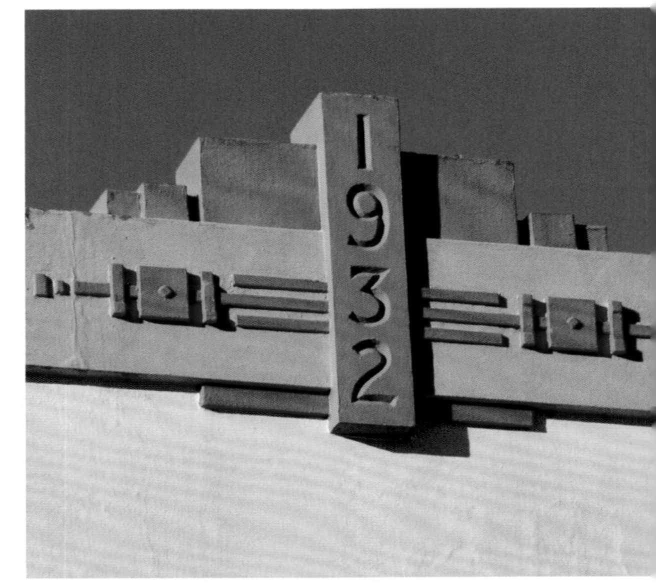

C:64 M:23 Y: 45 K:2
C:45 M:6 Y:51 K:0
C:11 M:29 Y:77 K:0
C:5 M:74 Y:98 K:0
C:0 M: 0 Y:20 K:5

R:98 G:158 B:14
R: 153 G:198 B:
R:230 G: 187 B:
R:229 G:98 B:1
R:249 G:245 B:

可以用不寻常的配色更新传统的装饰物品。例如，这块地毯的花纹设计很经典，但通过采用现代的配色方案，使其更加鲜活与现代。

雨天之绿

蓝绿色调让人联想到水，若增加灰色，则带给人宁静满足的意象。增加深蓝色和纯白色，以锐化配色效果。

- C:51 M:24 Y: 42 K:1
- C:39 M:13 Y:27 K:0
- C:40 M:20 Y:20 K:0
- C:100 M:24 Y:36 K:38
- C:0 M:0 Y:0 K:0

- R:138 G:168 B:1
- R: 168 G:197 B:1
- R:165 G: 187 B:1
- R:0 G:100 B:119
- R:255 G:255 B:2

若希望卧室营造出轻松宁静的氛围，则选用柔和的湖蓝色最为适宜。添加大量的新鲜白色，可以避免沉闷和压抑之感。

暗色迷迭香

带有灰色调的冷绿色可以用来替代常见的中
色——白色、灰色和米色。暗绿色随意搭配任何色
尽显“文艺范”。

- C:59 M:41 Y: 72 K:0
- C:65 M:53 Y:91 K:44
- C:49 M:60 Y:82 K:46
- C:48 M:80 Y: 81 K:73
- C:0 M: 0 Y:0 K:0

- R:124 G:136 B
- R: 74 G:77 B:3
- R:99 G: 72 B:3
- R:62 G:18 B:7
- R:255 G:255 B

绿色越深，其质感越强、越丰富。客厅装饰选用深绿色，效果明显。若想营造轻盈通风之感，则可用白色或浅色作为主色调。

轻柔的薄荷

这种绿色中含有大量灰色，用于软化和中和绿色，配以丰富的红木色和深碳灰色，形成务实而优雅的意象。

C:47 M:14 Y: 42 K:0
C:53 M:36 Y:48 K:6
C:38 M:71 Y:81 K:40
C:58 M:60 Y:58 K:35
C:0 M:0 Y:0 K:0

R:148 G:187 B:
R: 132 G:144 B
R:123 G: 66 B:
R:96 G:80 B:76
R:255 G:255 B:

家中若是有温暖且浓郁的木地板，则可以尝试这种色彩搭配方案，使地板的色彩脱颖而出。墙面清爽又素净的绿色与木地板色搭配得相得益彰。

中性绿

含有大量灰色或棕色的软绿色可以单独作为中性色，若将之与其他中性色进行搭配，会降低色调，但依旧层次丰富、生动有趣。

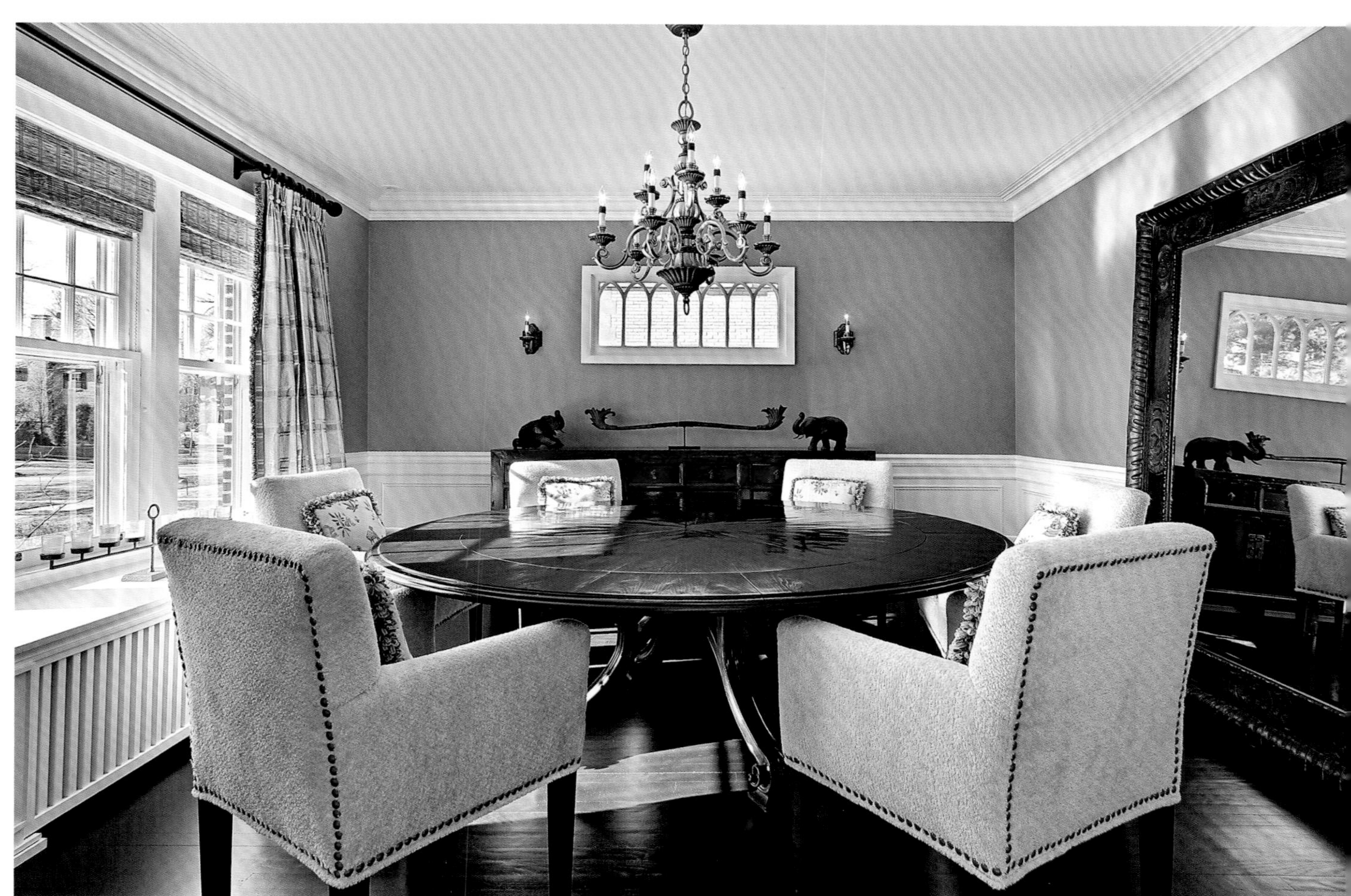

- C:54 M:30 Y: 56 K:5
- C:9 M:7 Y:17 K:0
- C:0 M:0 Y:0 K:0
- C:58 M:51 Y:55 K:23
- C:80 M: 65 Y:65 K:78

- R:129 G:152 B:12
- R: 237 G:234 B:2
- R:255 G: 255 B:2
- R:107 G:103 B:94
- R:14 G:23 B:24

餐厅在雅致低调的同时，丰富了整个空间。这里采用多种不同的色相——包括明暗对比——但由于均选用中性色，因此视觉效果上不会感觉繁杂。

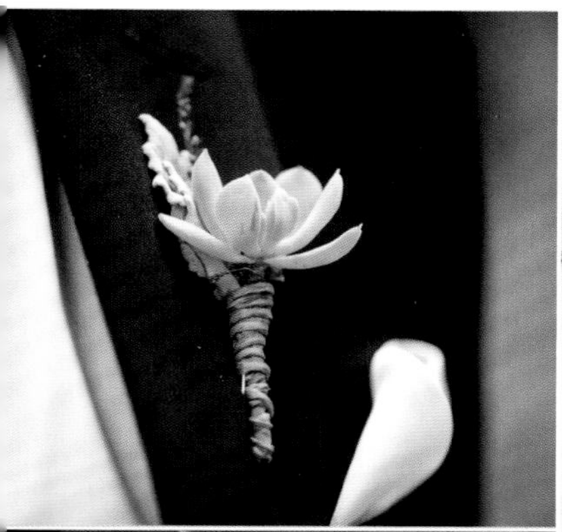

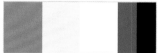

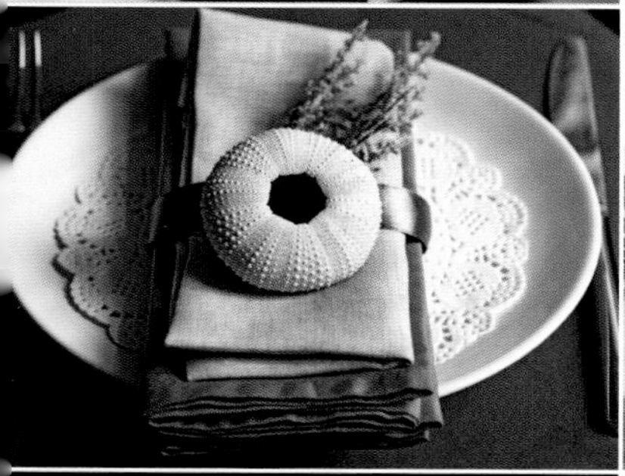

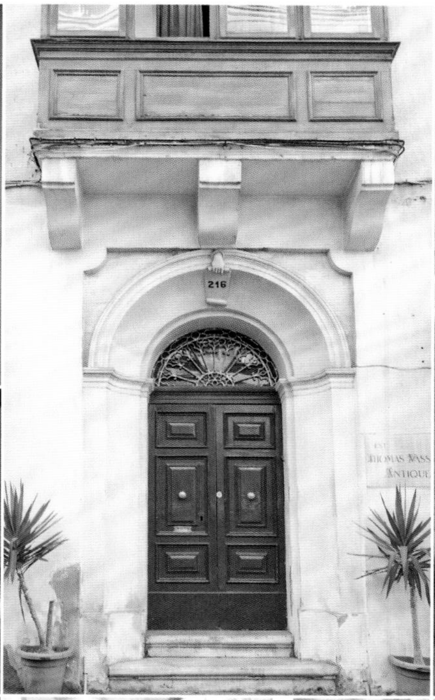

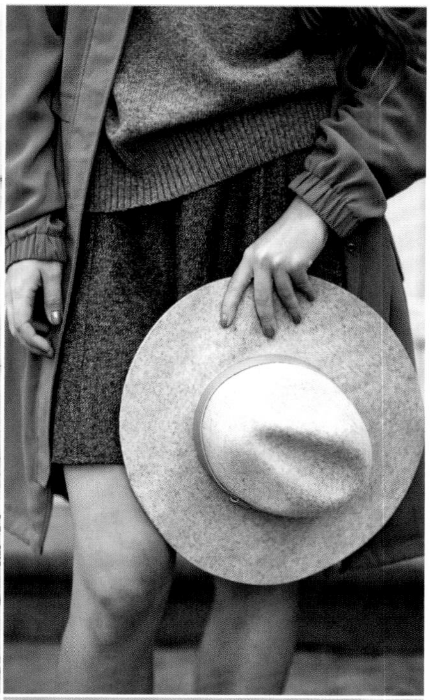

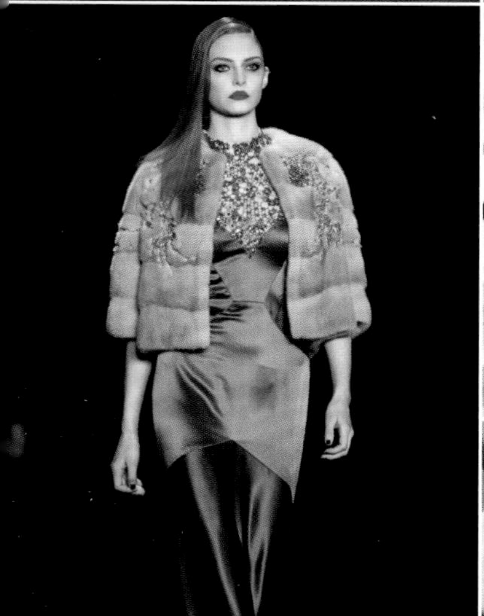

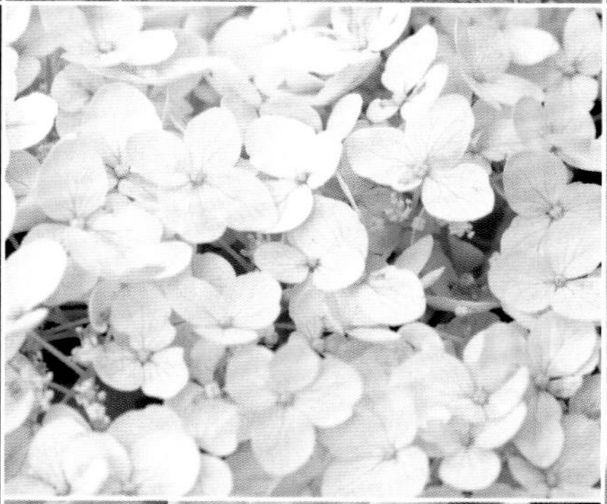

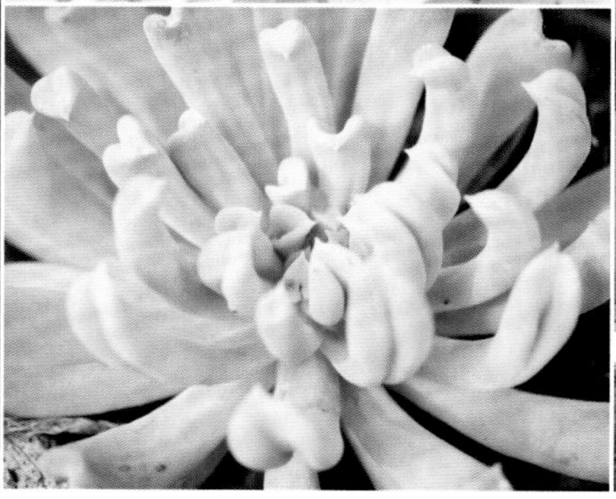

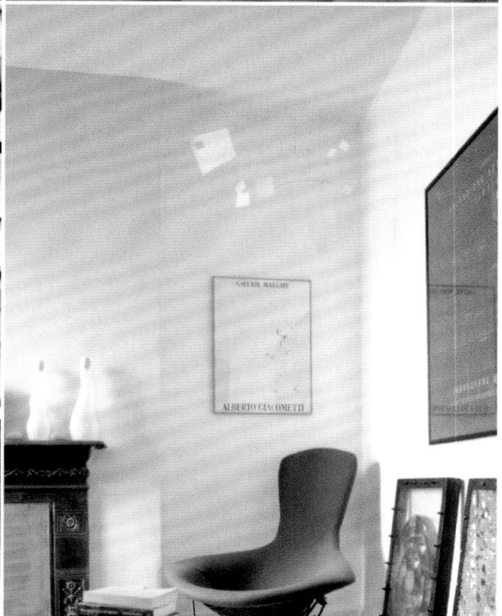

草绿

源于自然的新鲜绿色具有年轻的意象，通常象征望、重生和新生等。因此，在发生重大危机或内不安定时，人们通常联想到绿色。

- C:64 M:27 Y: 97 K:10
- C:43 M:25 Y:49 K:1
- C:27 M:23 Y:30 K:0
- C:21 M:39 Y:75 K:4
- C:52 M:56 Y:56 K:23

- R:101 G:142 B:
- R: 160 G:173 B:
- R:197 G: 191 B:
- R:204 G:160 B:
- R:120 G:99 B:9

此配色方案适合春日或秋日的婚礼。绿色多肉植物增添了清爽的新鲜感，与温暖浓郁的黄棕色的搭配，洋溢着清新的大地气息。

常青绿

高饱和度的深绿及墨绿色需要搭配大比例的白色或其他浅中性色，否则显得过于沉闷或压抑。但是，若将其作
点缀色，则视觉效果会非常出彩。

- C:79 M:32 Y: 100 K:22
- C:90 M: 51 Y: 69 K:54
- C:27 M:6 Y:35 K:0
- C:0 M: 0 Y:0 K:0
- C:8 M:30 Y:78 K:1

- R:43 G:115 B:47
- R: 0 G:62 B:54
- R:198 G: 217 B:1
- R:255 G:255 B:2
- R:236 G:187 B:7

树绿色相与温暖的木色调浑然天成。漂亮的沙发区很好地展示了精彩的配色方案：一个装饰简单的空间，却营造出温馨宜人的氛围，独显异国情调。

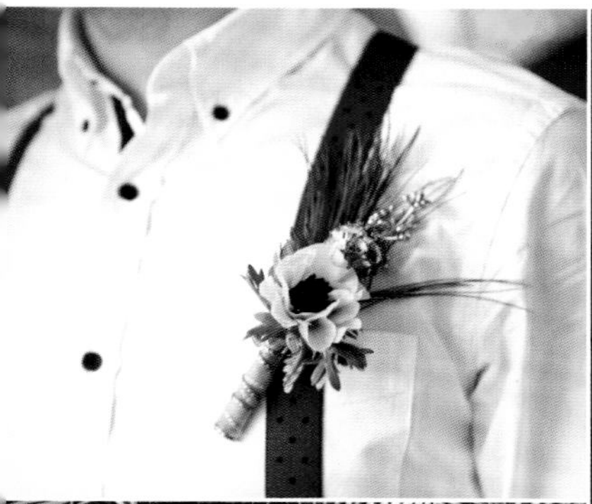

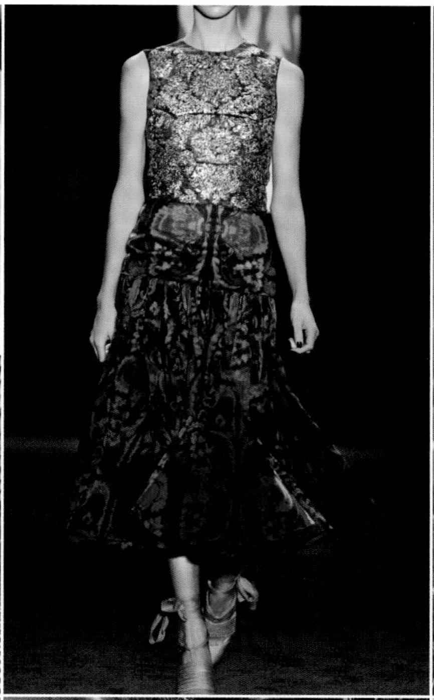

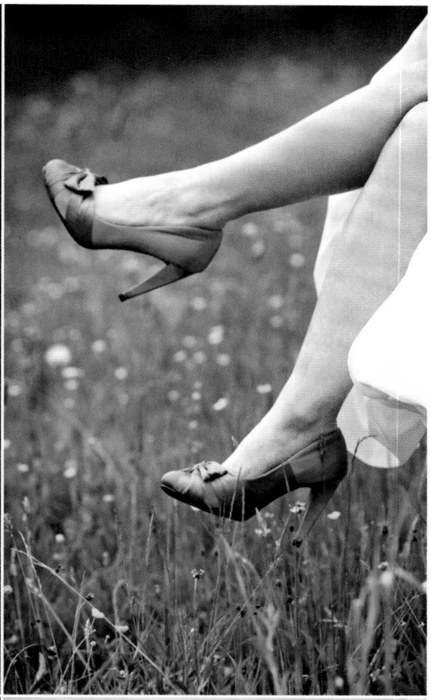

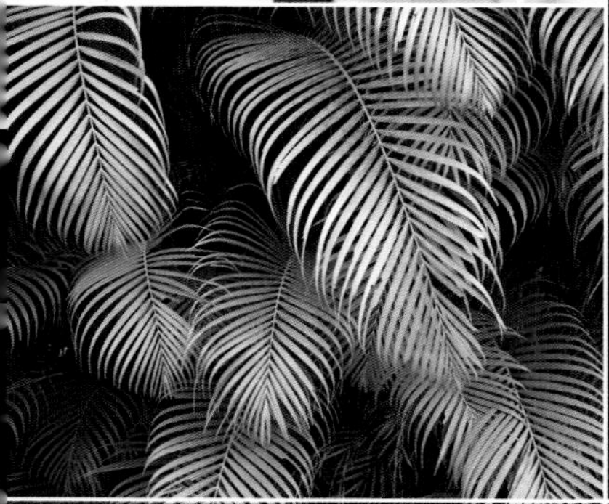

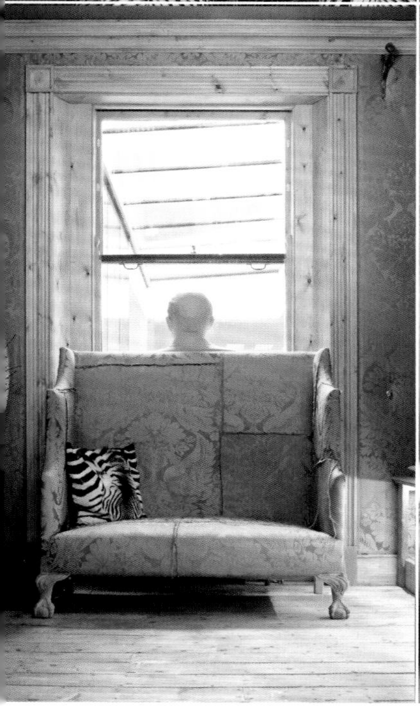

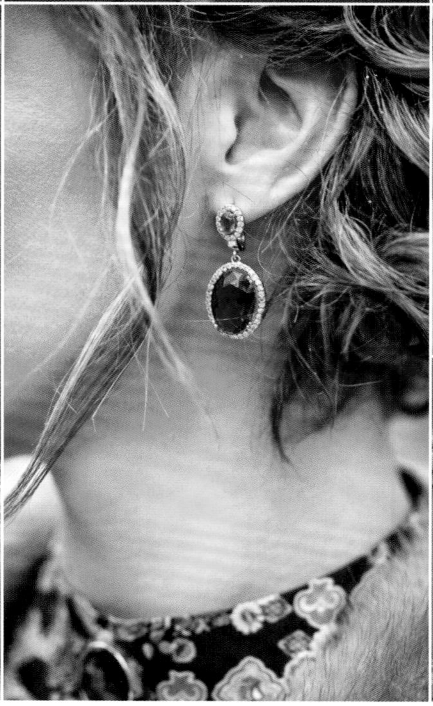

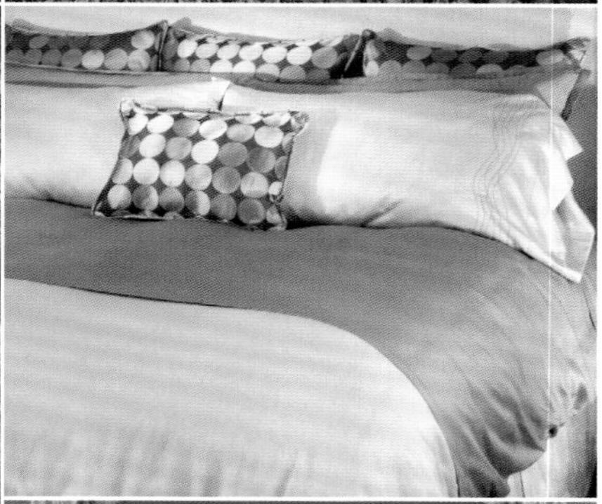

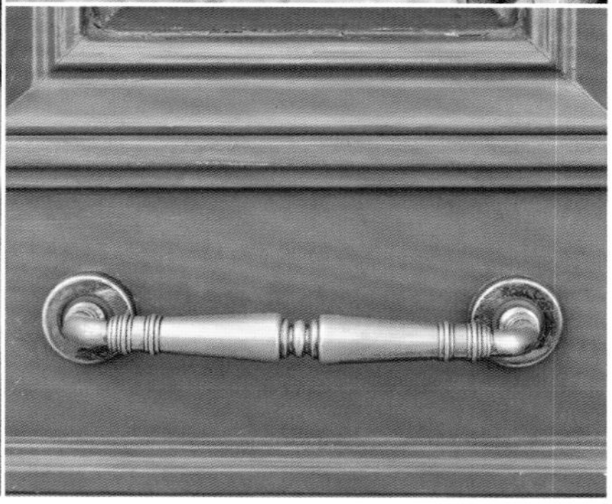

祖母绿

厚重且低彩度，但绝不沉闷，祖母绿在配色方案中可以作为主要色相，取代黑色或藏蓝色；与高贵的酒红色或
色相搭配，更增添了暖意。

- C:79 M:47 Y: 71 K:44
- C:30 M:96 Y:82 K:34
- C:25 M:20 Y:20 K:5
- C:27 M:36 Y:51 K:1
- C:0 M:0 Y:0 K:0

- R:38 G:79 B:61
- R: 141 G:24B:35
- R:170 G: 168 B:1
- R:196 G:166 B:12
- R:255 G:255 B:25

装饰房间时，色彩是重要的考虑因素，当然，纹理和光泽也需加以考量。客厅整体效果的提升得益于沙发床上方墙面采用的金丝绒肌理，以及各种闪光的金属元素。

常青绿与蔓越莓

正绿色和深红色在色环上彼此相对，为互补色。因此，两色搭配在一起，凸显张力。此配色方案栩栩如生，色的饱和度及厚重感营造出安静舒适的氛围。

- C:87 M:47 Y: 82 K:58
- C:90 M:38 Y:100 K:39
- C:27 M:100 Y:100 K:32
- C:65 M:62 Y:49 K:30
- C:7 M: 3 Y:2 K:3

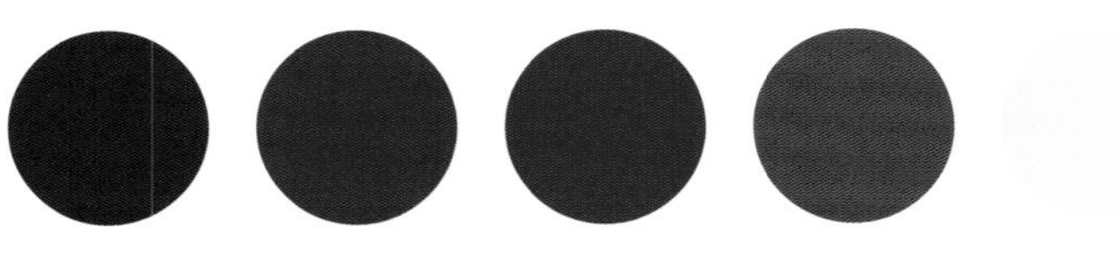

- R:0 G:31 B:69
- R: 0 G:88 B:40
- R:147 G: 11 B:18
- R:8 G:80 B:90
- R:237 G:241 B:2

这是冬季节日活动和聚会的经典配色方案。用红色和绿色进行装饰，仅将其中一种色相的重彩色调作为点缀色，例如，美丽的常绿花圈与红色樱桃极为相配。

自然绿

具有强烈的黄色和棕色色调的绿色非常接地气儿。将其与从大自然中形成的色彩层叠起来，形成丰富多彩而清舒缓的意象，也可以用更加充满活力的色调加以凸显。

C:28 M:19 Y: 51 K:0
C:44 M:39 Y:85 K:13
C:68 M:30 Y:48 K:5
C:43 M:61 Y:75 K:35
C:7 M:5Y:17 K:0

R:196 G:195 B
R: 148 G:136 B
R:87 G: 143 B:
R:122 G:84 B:5
R:241 G:239 B

海草绿和水蓝色是天生的一对。客厅装饰有很多不同的图案，尽管配色方案随之受限——绿色调、蓝色调和棕色调——依然搭配得精致又自然。

迈阿密组合

虽然色彩并不柔和，也并非完全饱和的亮色，这些色彩因暴晒及潮湿空气的侵蚀而变得柔和。这个趣味性十足
配色方案让人联想到海滩上阳光明媚的白天及城市里炎热的夜晚。

C:39 M:0 Y: 31 K:0
C:30 M:1 Y:14 K:0
C:5 M:46 Y:37 K:0
C:4 M:0 Y:7 K:3
C:0 M: 0 Y: 0 K:0

R:167 G:214 B:
R: 188 G:225B:
R:235 G: 161 B
R:244 G:247 B:
R:255 G:255 B:

对于多数室外设计而言，这是一个相当狂野的配色方案，但若在阳光明媚、气候温暖的条件下，在近现代风格的家中，却可以用这些活泼的绿色、蓝色和粉红色调彰显出意想不到的效果。

冷色调与绿色

若要保持色彩丰富却和谐统一，可从色环的一端
集多种色相。选用一系列的冷色，从蓝绿色到紫
色，彼此流畅地融合在一起。

- C:36 M:10 Y: 29 K:0
- C:60 M:31 Y:27 K:1
- C:83 M:64 Y:23 K:5
- C:53 M:71 Y:35 K:13
- C:47 M:92 Y:60 K:22

- R:175 G:204 B:
- R: 113 G:153 B
- R:55 G: 90 B:14
- R:129 G:83 B:1
- R:131 G:42 B:6

新鲜的薄荷绿和干净的天空蓝搭配在一起，为室内带来春天的气息。
壁纸上红色的蔓越莓图案，为这个迷人的卧室增添了一丝温暖。

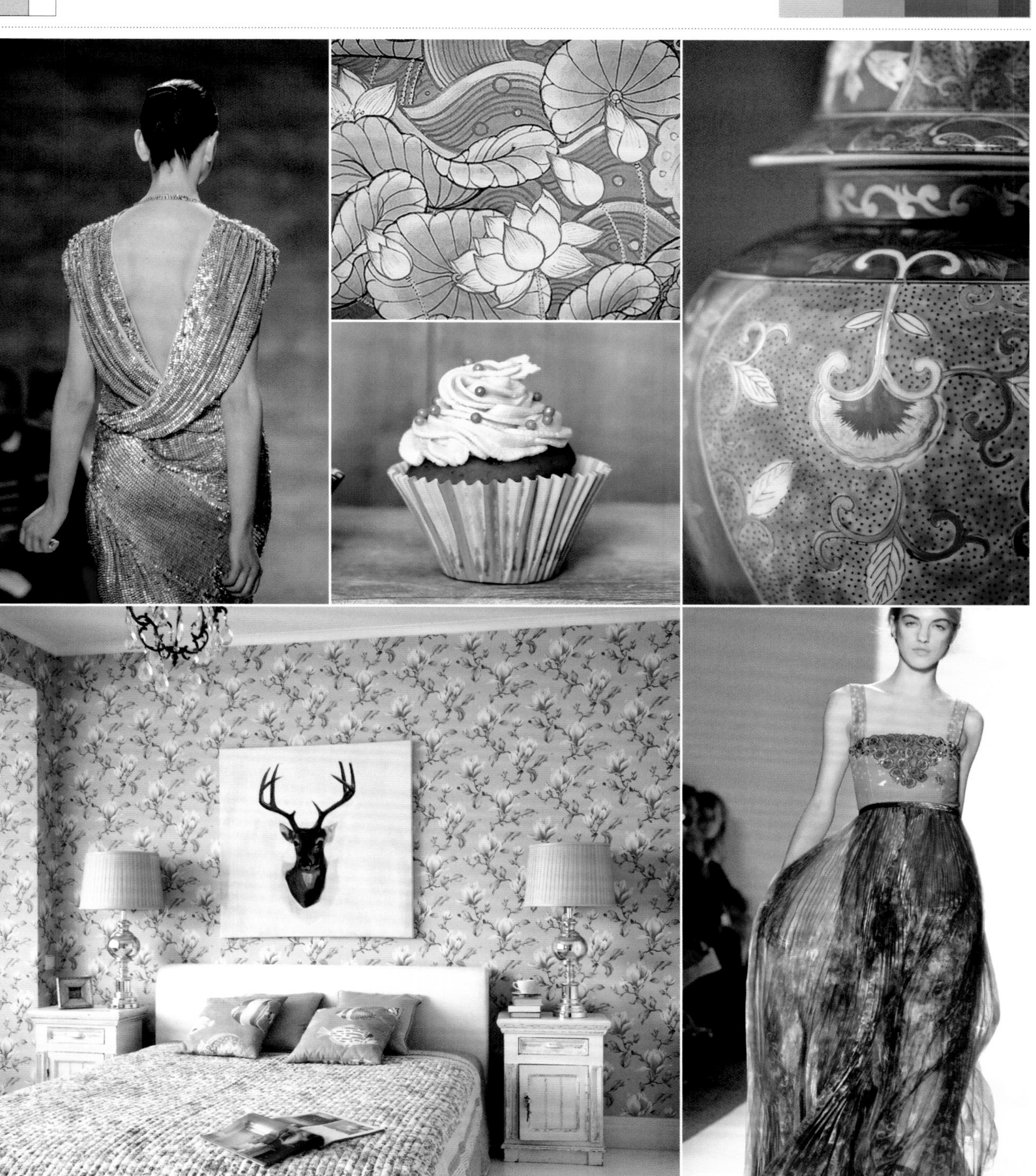

蓝绿色

蓝绿色和金黄色算不上绝对互补的色彩，但两色搭配确实形成对比，构成充满活力的配色方案。用其中一种色为另一色的背景，并将每个元素分隔开来。

C:83 M:48 Y: 46 K:19
C:84 M:26 Y:45 K:3
C:7 M:24 Y:96 K:0
C:8 M:12 Y:67 K:0
C:0 M:0 Y:0 K:0

R:33 G:100 B:11
R: 0 G:139 B:14
R:240 G: 197 B:
R:240 G:220 B:1
R:255 G:255 B:2

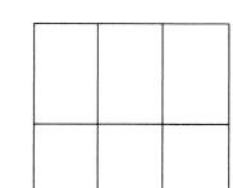

金色软装靠垫搭配适量的蓝绿色获得了意想不到的色彩效果。靠枕为宁静清爽的蓝绿色椅子增添了温暖阳光的色彩意象。

蓝色

蓝色丝带

正蓝色在视觉上往往具有收敛的效果，所以常作为背景色，以凸显其他暖色。在家居环境中，使用蓝色，会使
间看起来更宽敞、更开阔。

- C:100 M:92 Y: 18 K:5
- C:100 M:75 Y:23 K:7
- C:0 M:0 Y:0 K:0
- C:3 M:10 Y:18K:0
- C:12 M: 93 Y: 100 K:3

- R:17 G:48 B:124
- R: 0 G:70 B:130
- R:255 G: 255 B:2
- R:248 G:234 B:2
- R:211 G:47 B:23

此配色中，醒目的红色钱包得以凸显，成为亮点。与对比鲜艳的色彩（如深蓝色调）相配，获得了最强烈的视觉冲击效果。

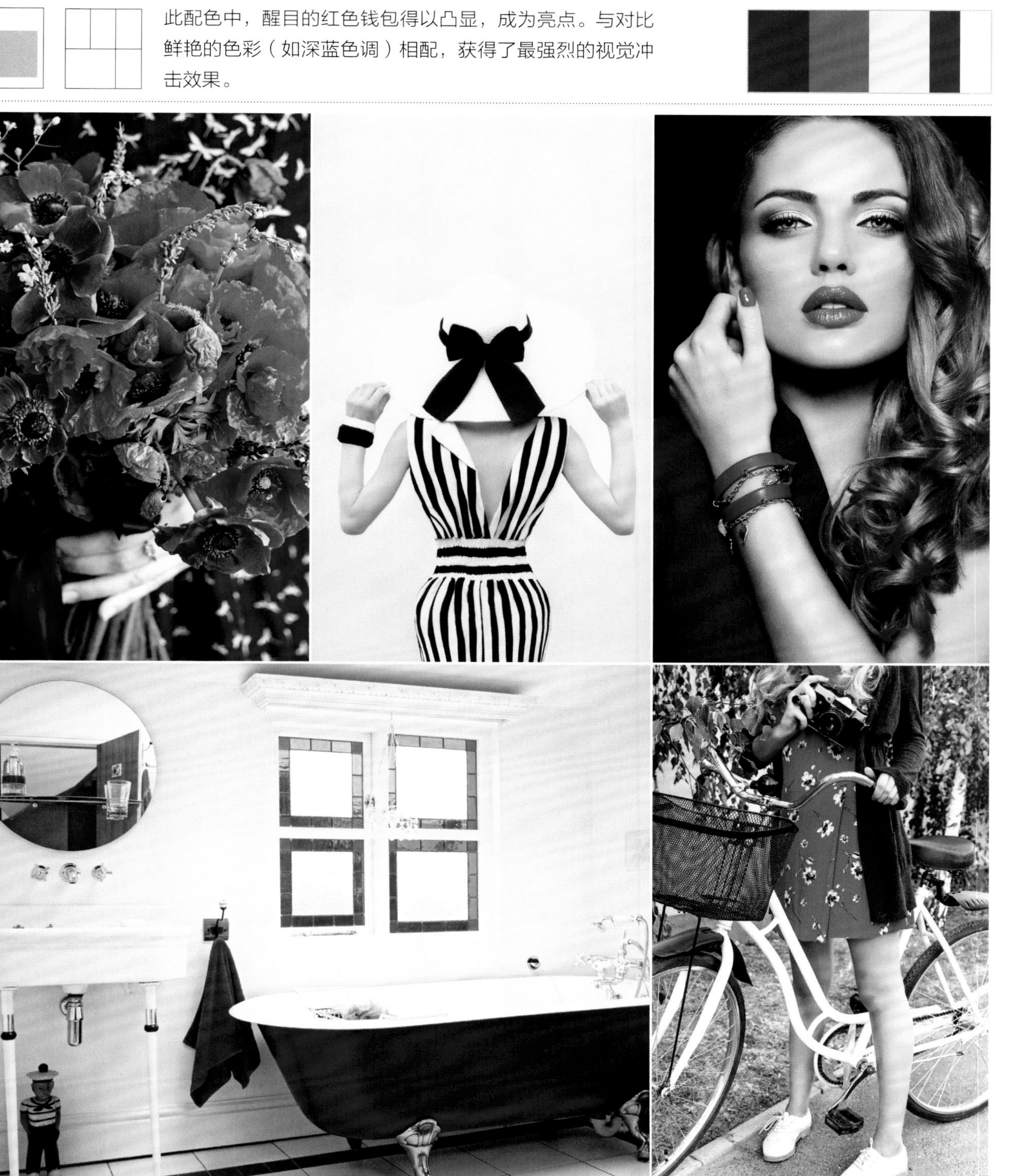

蓝色筹码

蓝色象征忠诚、信任与承诺，金色则代表财富、富足和颓废。这组有趣的色彩组合是高档、正式、品质的象征
适用于重要场合。

- C:93 M:88 Y: 31 K:20
- C:98 M:92 Y:0 K:0
- C:79 M:50 Y:5 K:0
- C:32 M:43 Y:93 K:0
- C:0 M:0 Y:0 K:0

- R:36 G:48 B:10
- R: 26 G:45 B:14
- R:54 G: 114 B:1
- R:187 G:149 B:
- R:255 G:255 B:

墙上的镀金镜框为靛蓝色客厅带来阵阵暖意，并使之得到华丽的提升。房间以温馨和清爽的色调为基础，搭配现代元素和传统元素。

蓝色是新黑色

在黑色和炭灰色中加入漆黑的靛蓝色调，营造出经典优雅的意象。配色中，若想取得明快轻盈的效果，可以大面积使用白色和淡灰色；若增加深色及暗色调，则可以增强戏剧效果。

C:89 M:77 Y: 41 K:32
C:0 M:0 Y:0 K:100
C:68 M:58 Y:52 K:32
C:50 M:42 Y:38 K:4
C:0 M: 0 Y:0 K:0

R:34 G:55 B:89
R: 35 G:24 B:21
R:79 G: 82 B:87
R:141 G:140 B:
R:255 G:255 B:

在不增加其他色彩的情况下，只在配色中加入明色和暗色调，例如海军蓝和白色，使浴室充满活力和动感。在使用有限的色板的情况下，用这种方式提升空间视觉效果，简单易行、趣味性强。

蓝色的艳丽互补色

蓝色和橙色是互补色，在色环上彼此相对，二者搭配可营造出高能量的意象，令人倍感兴奋。只将其中一种或
种色相进行小面积点缀，即可达到柔和的效果。

- C:92 M:86 Y: 0 K:0
- C:74 M:57 Y:0 K:0
- C:62 M:25 Y:0 K:0
- C:8 M:87 Y:100 K:1
- C:0 M:68 Y:94 K:0

- R:43 G:55 B:1
- R: 81 G:105 B
- R:98 G: 161 B
- R:220 G:65 B:
- R:237 G:113 B

周边的色彩会对我们的心情产生巨大的影响。醒目的蓝色外套搭配令人兴奋的橙色配件，是营造春天气息的一种有效方式，记得面带微笑。

意外之蓝

这个配色方案适合充满激情的色彩爱好者，它用到色环上一大半的色相（橙色、黄色、绿色、蓝色），传递出生动
有活力的意象，适用于引人关注的场合或项目。

- C:84 M:51 Y: 0 K:0
- C:70 M:24 Y:0 K:0
- C:2 M:57 Y:94 K:0
- C:0 M:27 Y:100 K:0
- C:85 M: 24 Y:64 K:0

- R:23 G:110 B:1
- R: 62 G:156 B:
- R:238 G: 147 B
- R:251 G:196 B
- R:0 G:142 B:1

巧用色彩可以为物品或空间注入生机。从厨房的图片就可见端倪，给旧的餐边柜刷上有趣的颜色，餐椅用彩色织物重新翻新，不仅为其带来新的外观，也赋予其新的生命。

新爱国蓝

红色、白色和蓝色经常出现在许多国家的国旗上。用低彩度的灰蓝色调取代皇家蓝或海军蓝，可以得到清新明的配色方案，这是一个低调却极具吸引力的配色方案。

- C:57 M:39 Y: 28 K:2
- C:74 M:61 Y:41 K:21
- C:35 M:15 Y:0 K:0
- C: 0 M:0 Y:0 K:0
- C:9 M:100 Y:98 K:2

- R:123 G:142 B:
- R: 74 G:85 B:10
- R:175 G: 200 B:
- R:255 G:255 B:
- R:215 G:11 B:2

在建筑外立面上，没有任何色彩比红色强调色更显开放与热情。但是，过多使用红色太过张扬，使人不舒服。可以用更柔和、更冷的色调，如浅蓝色来取得平衡，作为建筑物主体的色彩。

不同寻常的婴儿蓝

如果喜欢粉蓝色，却不想使用粉彩色板，则可以选用蓝色的灰调（蓝色配灰色）或暗调（蓝色混配黑色）。灰
或黑色的添加软化了色彩的色度或纯度，使色彩更显中性色的质感。

C:32 M:5 Y: 10 K:0
C:58 M:35 Y:20 K:0
C:78 M:47 Y:32 K:6
C:80 M:74 Y:44 K:36
C:0 M: 0 Y:0 K:0

R:183 G:217 B:2
R: 120 G:149 B:
R:58 G: 114 B:1
R:54 G:57 B:84
R:255 G:255 B:2

并非所有的儿童房均要刷成粉彩。图中的双层床采用经典牛仔蓝色，这种配色对于青少年依旧适用，无需重新粉刷其他色彩。

冷艳的异域风情

暖暖的粉红色和凉爽的蓝紫色混合在一起，构成时尚的波希米亚风情色板，华丽而惊艳众人；使用浓烈的色相
及色彩间的对比，使其成为众人关注的焦点。

- C:100 M:98 Y: 0 K:0
- C:100 M:100 Y:24 K:17
- C:100 M:100 Y:28 K:41
- C:29 M:100 Y:19 K:1
- C:9 M:96 Y:25 K:0

- R:27 G:35 B:1
- R: 26 G:32 B:1
- R:15 G: 18 B:8
- R:184 G: 0 B:1
- R:217 G:20 B:

铁蓝色相在餐厅中醒目突出，其余配色都是柔和中性的，保持轻松、友好和休闲的整体氛围。

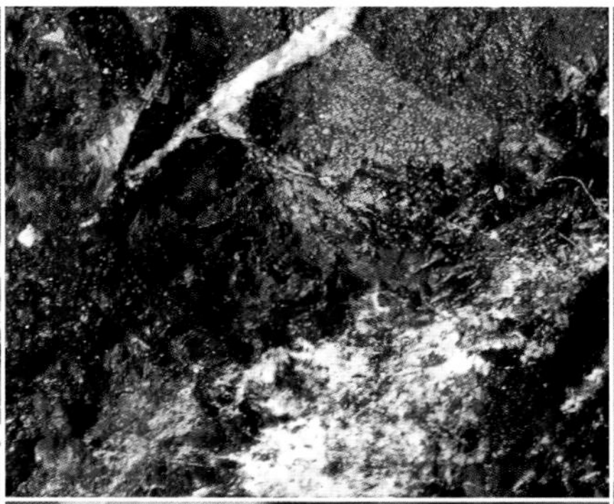

明亮的蓝色天空下

浅天蓝色提供了最柔和的色彩，将之与柔和的粉彩相结合，如粉红色和大量的白色，更显轻盈精致。这是一个甜蜜天真的配色方案，完美适用于儿童房及春季庆典活动。

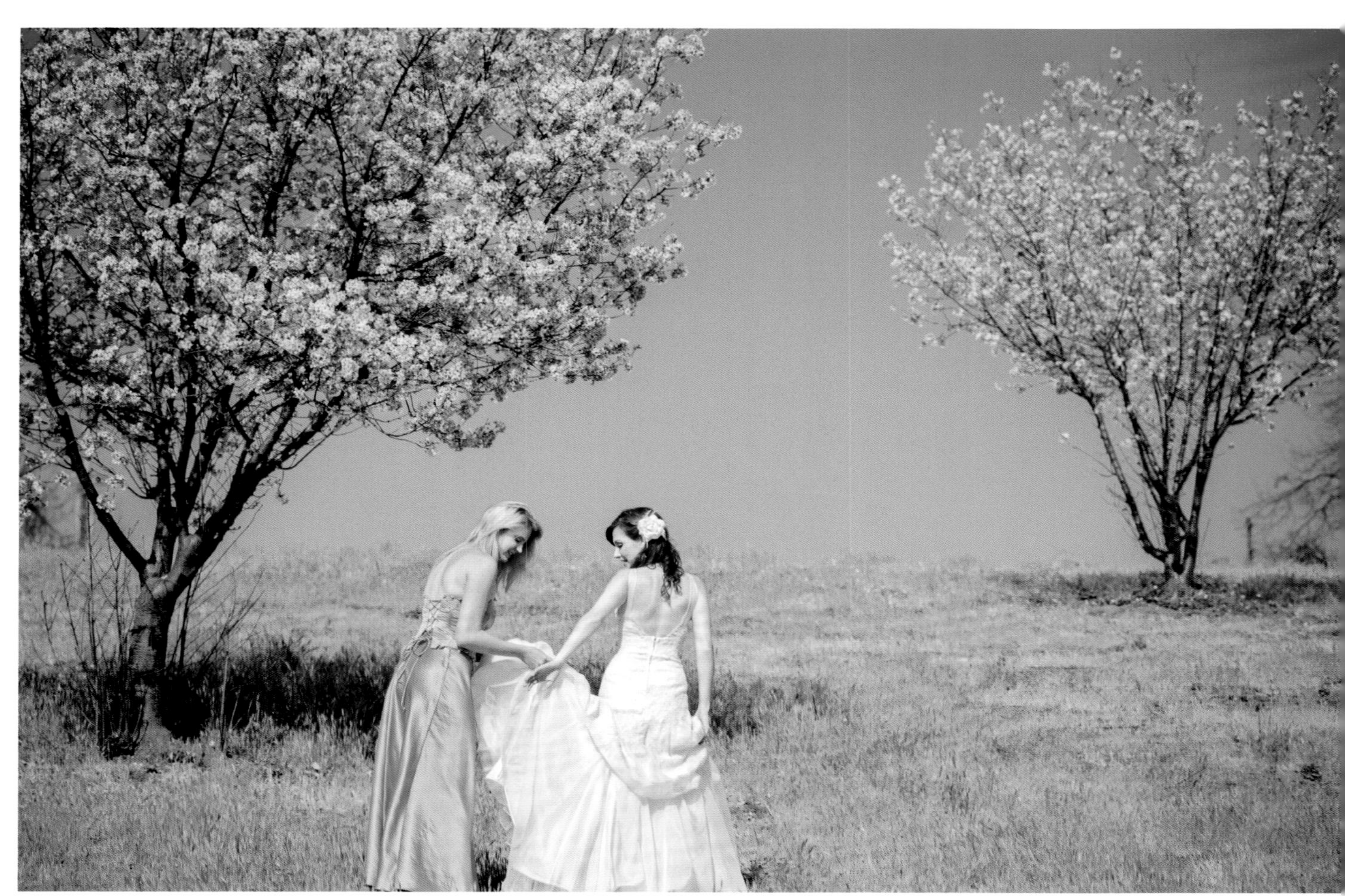

C:25 M:3 Y: 0 K:0	R:199 G:228 B:24
C:25 M:4 Y:11 K:0	R: 200 G:226 B:2
C:0 M:24 Y:0 K:0	R:249 G: 213 B:2
C:4 M:2 Y:8 K:3	R:244 G:244 B:2
C:0 M: 0 Y:0 K:0	R:255 G:255 B:2

温暖天气下举办的婚礼庆典，尤其是在室外举行时，需要通过色彩来营造出柔和、微妙的氛围。伴娘礼服和接待装饰的配色灵感源自湛蓝的天空。

遇见蓝色

美丽柔和的蓝色给人轻盈缥缈的意象。应用于建
时，形成“海天一色”之景，令人心情愉悦。在
尚造型和装饰中，意味着轻快与欢愉，不会显得
于认真严肃。

C:18 M:1 Y: 2 K:0
C:27 M:4 Y:0 K:0
C:62 M:36 Y:15 K:0
C:2 M:5 Y:13 K:0
C:0 M:0 Y:0 K:0

R:216 G:238 B:
R: 194 G:225 B:
R:108 G: 145 B:
R:251 G:244 B:
R:255 G:255 B:

白色的乡村风格厨房恰似一块可以添加有趣色彩的空白画布。中性、毫无华丽感的蓝色打破了白色的广阔，注入了俏皮的意象。

水漾清波

水蓝色有助于人们放松身体、舒缓心情。添加一
或多个蓝色色相，以增强色彩的活力，并丰富层
配色方案积极向上，倡导人们修身养性、陶冶情

- C:77 M:1 Y: 22 K:0
- C:81 M:70 Y:24 K:7
- C:100 M:89 Y:2 K:0
- C:8 M:7 Y:13 K:0
- C:0 M: 0 Y:0 K:0

- R:0 G:176 B:20
- R: 66 G: 81 B:1
- R:8 G: 51 B:14
- R:239 G:236 B:
- R:255 G:255 B:

在浴室中，富有海洋气息的蓝色调可营造温泉般的氛围。搭配带有浅绿色调的蓝色与大面积的白色，形成清爽新鲜的意象。

热带碧蓝

带有绿色调的亮蓝色，搭配欢快的珊瑚和粉红色，带给人阵阵暖意，独具异国情调，这种活泼有趣的配色方案
常适用于聚会的场合。

C:77 M:0 Y: 30 K:0
C:24 M:0 Y:9 K:0
C:0 M:48 Y:28 K:0
C: 0 M:21 Y:4 K:0
C:0 M:84 Y:32 K:0

R:0 G:176 B:18
R: 203 G:232 B
R:242 G: 160 B
R:250 G:218 B
R:232 G:72 B:1

似乎带有薄荷蓝的清新糖霜与贝壳粉的柔软花朵完美结合。这种搭配使传统的婴儿洗礼色彩得以升华，在婚礼场景中，洋溢着清爽、雅致的气息。

JUST MARRIED

清爽和阳光

池蓝色与金黄色搭配给人们带来夏日户外的乐趣。家居配色中，该配色方案大胆张扬。将其中一种亮色作为点色，可以很好地驾驭这组配色。

C:77 M:1 Y: 24 K:0	R:0 G:176 B:19
C:44 M:5 Y:23 K:0	R: 152 G:204 B
C:0 M:14 Y:54 K:0	R:254 G: 224 B
C: 2 M:1 Y:59 K:0	R:255 G:244 B:
C:0 M:0 Y:0 K:0	R:255 G:255 B:

蓝色椅子为这个白色（大部分）的房间增添了些许玩味。蓝色点缀色配以黄色，出彩吸睛。由于所选色相有限——只选取三种不同的色相，视觉效果不会太繁乱。

加油海军

深色调的蓝色有种温文尔雅、考究的质感，但也使人感觉有点严肃。如果用柔和的蓝灰色及白色加以柔化，软
糖褐色及暖木色调增加暖意，使之摆脱冰冷肃穆。

- C:92 M:82 Y: 38 K:30
- C:54 M:41 Y:28 K:2
- C:27 M:16 Y:16 K:0
- C:0 M: 0 Y:0 K:0
- C:21 M:35 Y:49 K:0

- R:29 G:50 B:91
- R: 132 G:141 B:1
- R:196 G:204 B:2
- R:255 G:255 B:2
- R:209 G:173 B:1

经典的“小黑裙”使海军蓝得以升华。这种柔和、不刺眼的色彩组合，可以搭配暖金或棕褐色的配饰，使之完美呈现。

冰冻蓝

蓝色与生俱来地与冷灰色调和金属银元素相搭配
这种配色让人感觉有点冷酷，因此是热带气候家
配色的完美选择。在时尚界，蓝色具有豪华优雅
气场，不会显得过于厚重或严肃。

- C:50 M:30 Y: 22 K:0
- C:44 M:15 Y:21 K:0
- C:38 M:30 Y:28 K:0
- C:36 M:31 Y:31 K:7
- C:0 M:0 Y:0 K:0

- R:141 G:163 B:1
- R: 154 G:190 B:
- R:171 G: 172 B:1
- R:16 G:1 B:2
- R:255 G:255 B:2

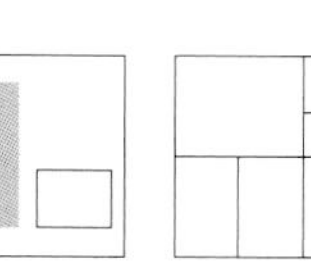

通常认为，冷色调有助于放松身心、舒缓压力，是卧室配色方案中不可多得的选择。在房间周围添加一些闪闪发光的金属点缀色，使之熠熠生辉。

蓝色印记

蓝色和绿色在色环上处于并列位置，所以这两种色相相近，易于搭配。将一系列美丽的正蓝色和蓝绿色相搭配构建一个微妙的多姿多彩的配色板。

C:38 M:15 Y: 3 K:0	R:167 G:197 B:2
C:100 M:60 Y:22 K:0	R: 0 G:93 B:149
C:60 M:22 Y:25 K:0	R:109 G: 166 B:1
C:28 M:1 Y:11 K:0	R:193 G:227 B:2
C:49 M:15 Y:34 K:0	R:141 G:184 B:1

为避免从头到脚都是相同的牛仔蓝色搭配，将绿色调的蓝色与更加纯正的蓝色混合在一起。这种微妙的色彩组合，避免了视觉上的单调乏味。

蓝绿色乐趣

带有浓郁绿色调的深蓝色形成优雅丰富、极富吸引力的意象。若搭配丰富且非常规的色彩方案，则是一个很好
选择。与冷色调的铁灰色相搭配，营造出年轻、现代的氛围。

- C:94 M:62 Y: 51 K:39
- C:62 M:47 Y:38 K:8
- C:25 M:17 Y:13 K:0
- C:38 M:60 Y:76 K:25
- C:0 M:0 Y:0 K:0

- R:0 G:65 B:81
- R: 109 G:121 B:
- R:200 G: 205 B:
- R:144 G:96 B:58
- R:255 G:255 B:2

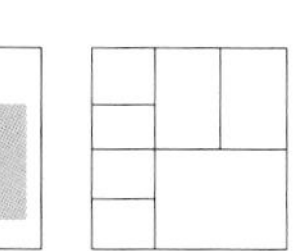

背景墙是一种将艳丽色调引入房间的极好方式，不会让人感觉色彩过于夸张。卧室里，可在床头墙上使用强调色，有助于凸显床在空间中的位置。

紫色

紫罗兰森林

选用醒目、尊贵的紫色配色时，可从美丽的花束及大量叶绿色中汲取灵感。这些绿色为配色营造了舒缓的原生态
有助于使明亮的紫色融入环境。

- C:85 M:97 Y: 23 K:20
- C:76 M:94 Y:0 K:0
- C:35 M:11 Y:82 K:0
- C:58 M:39 Y:97 K:22
- C:0 M: 0 Y:0 K:0

- R:62 G:32 B:10
- R: 92 G:40 B:13
- R:183 G: 187 B:
- R:109 G:119 B:
- R:255 G:255 B:

如果喜欢色彩鲜艳、充满活力的配色，但同时想要保持优雅，可参考这个装饰精美的蛋糕，配色中仅含一到两种醒目的色相，将之作为点缀色。

冷艳的紫色

与经典的海军蓝搭配，偏蓝色调的紫色看起来很明快。两个色相非常相似，所以搭配起来天衣无缝，加入少量品红色，即可为整体效果增添暖意与活力。

C:77 M:86 Y:0 K:0
C:27 M:100 Y:54 K:13
C:100 M:100 Y:27 K:37
C:12 M:7 Y:9 K:1
C:0 M:0 Y:0 K:0

R:87 G:56 B:14
R:172 G:11 B:7
R:17 G:20 B:85
R:229 G:232 B:
R:254 G:254 B:

暗色调为秋冬季的活动蒙上了一个梦幻般的“面纱”。花饰、派对服饰及所有的装饰品组成充满戏剧性且丰富精美的色彩方案。

樱桃红与紫罗兰

这个色彩浓郁、充满活力的配色适用于特殊场合
添加少量蓝紫色的对比色——黄色以平衡醒目的
色和红色。白色的加入增强了视觉节奏感。

C:54 M:68 Y:1 K:0
C:23 M:100 Y:81 K:16
C:5 M:13 Y:27 K:0
C:4 M:5 Y:9 K:0
C:0 M:0 Y:0 K:0

R:136 G:95 B:
R:175 G:15 B:4
R:243 G:225 B
R:247 G:243 B
R:254 G:254 B

漂亮的紫色与楼梯上温暖的白色相呼应。在家居内部，选用中调至暗调的紫罗兰色，有时给人阴沉和压抑感，通过添加一些温暖的元素，可以摆脱这种抑郁感。

素净的灰色

素净的灰色调给人现代的工业感，可搭配曼妙的丁香色彩加以软化，使之更加特别。通过增强质感和光泽度，使配色方案更具生活气息。

- C:77 M:89 Y:36 K:29
- C:48 M:66 Y:7 K:0
- C:47 M:41 Y:46 K:6
- C:15 M:10 Y:12 K:0
- C:0 M:0 Y:0 K:0

- R:70 G:41 B:88
- R:149 G:101 B:
- R:146 G:140 B:
- R:223 G:224 B:
- R:254 G:254 B:

通常认为，冷色调可以舒缓情绪，特别是紫色色调有助于缓解压力。这个浴室的配色方案是在繁忙的一天后放松和舒缓身心的绝佳选择。

富贵茄紫色

深邃、暗雅、潇洒的富贵茄紫色是黑色或海军蓝
暖色替代色。柔和的银色调丁香色增添了几分轻盈
使配色不会显得过于厚重或沉闷。

- C:50 M:73 Y:22 K:3
- C:16 M:16 Y:14 K:0
- C:0 M:0 Y:0 K:0
- C:67 M:82 Y:40 K:30
- C:47 M:78 Y:76 K:69

- R:144 G:87 B:13
- R:220 G:213 B:2
- R:254 G:254 B:2
- R:87 G:51 B:87
- R:69 G:25 B:17

这间客厅呈现了色彩、肌理和光泽相结合的最佳效果。俱乐部椅的深紫色被地毯的哑粉色所平衡，大面积的白色让空间更加敞亮通透。

冷调紫罗兰

紫色、蓝色和绿色是邻近色，这意味着其在色环上彼此相邻。由于色相相近，这几种色彩相搭配时，虽然像万花筒一样色彩缤纷，但整体效果仍旧和谐统一。

- C:36 M:36 Y:2 K:0
- C:14 M:28 Y:6 K:0
- C:20 M:5 Y:7 K:0
- C:27 M:7 Y:43 K:0
- C:57 M:25 Y:52 K:3

- R:173 G:163 B:
- R:221 G:194 B:
- R:211 G:228 B:
- R:199 G:214 B:
- R:122 G:159 B:

在大自然中寻找灵感，以打破配色的常规法则。例如，不起眼的朝鲜蓟，漂亮的蓝紫色和新鲜的绿色调，或许是梦幻般配色方案的基础。

丁香和薰衣草

柔和舒缓的淡紫色色调可以缓解压力和焦虑，所以淡紫色是家居室内配色一个绝妙的选择。淡紫色清爽缥缈的气质在服饰搭配中既可盛装也可简装。

C:10 M:10 Y:0 K:0
C:55 M:58 Y:28 K:4
C:13 M:26 Y:4 K:0
C:0 M:0 Y:0 K:1009
C:0 M:0 Y:0 K:0

R:232 G:230 B:2
R:111 G:131 B:1
R:198 G:224 B:2
R:245 G:230 B:2
R:254 G:254 B:2

没有什么比用鲜花来装扮一张桌子更为合适。粉紫色相的缤纷花朵特别浪漫，清爽的白色餐巾和闪闪发光的水晶增添了几分优雅。

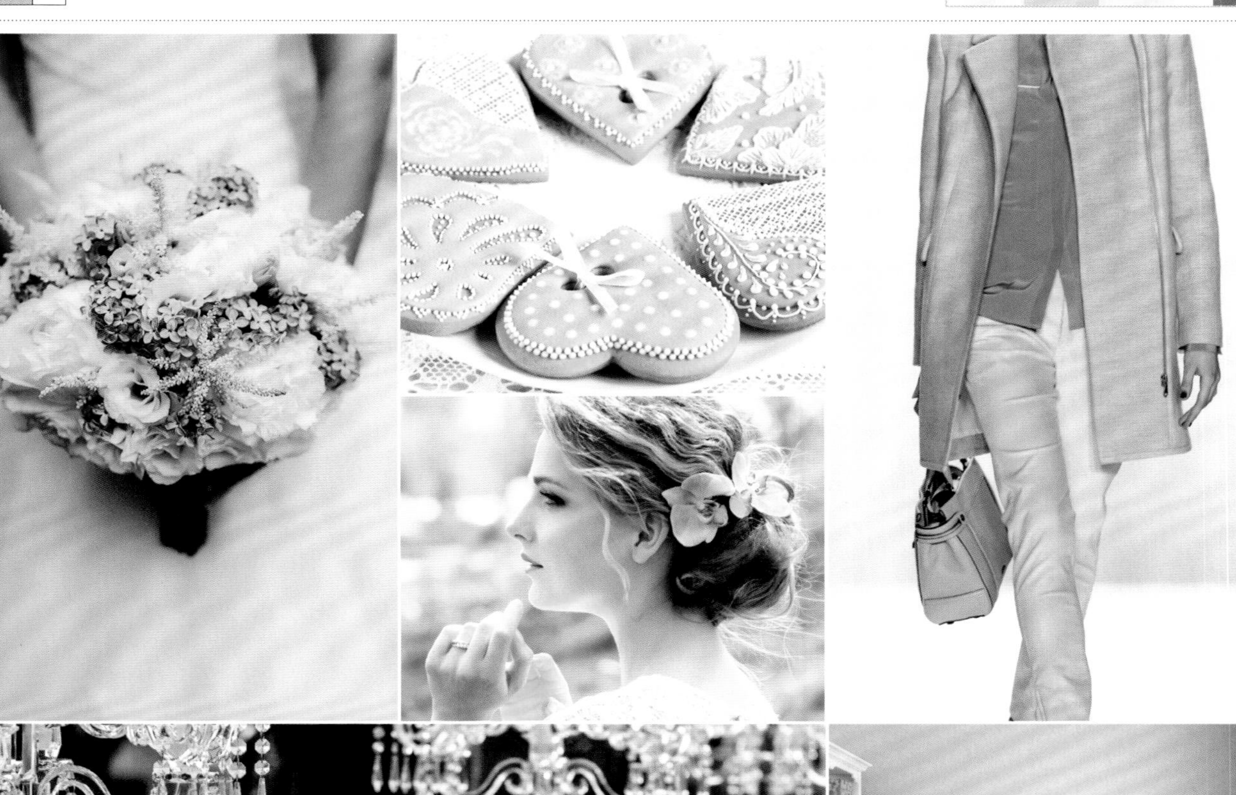

蓝绿色的紫罗兰

虽然不是强烈对比色，但清爽的丁香色、紫罗兰
及少量浅绿色组成了一个充满活力的配色方案。
种引人注目的方案适用于人们聚焦的空间和物品。

C:41 M:43 Y:25 K:0
C:24 M:45 Y:10 K:0
C:52 M:0 Y:35 K:0
C:65 M:32 Y:30 K:1
C:7 M:8 Y:19 K:0

R:164 G:147 B:1
R:199 G:154 B:1
R:127 G:200 B:1
R:97 G:147 B:16
R:240 G:234 B:2

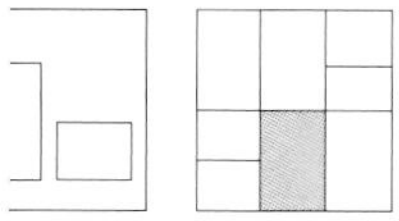

如此生动有趣的配色方案，值得在夜晚聚会上出现。将漂亮的紫色色块整合在一起，并配以富有异国情调的浅绿色配饰。这种不寻常的色彩二重奏，使配色方案看起来格外新鲜清爽。

蓝莓镶边

醒目的色相偶尔会相互冲突，但因为紫色和绿色都带有强烈的蓝色调，所以即使选用高度饱和的色彩与正蓝色搭配，也尽显和谐与凝聚之感。

- C:91 M:100 Y:4 K:1
- C:91 M:77 Y:0 K:0
- C:63 M:26 Y:0 K:0
- C:45 M:7 Y:52 K:0
- C:82 M:47 Y:96 K:58

- R:56 G:31 B:13
- R:36 G:69 B:15
- R:95 G:158 B:2
- R:153 G:196 B:
- R:19 G:62 B:25

大量使用亮蓝色，以创造一个迷人且充满活力的摆台。在户外举行宴会时，可以放心大胆地搭配夸张醒目的色彩装饰，因为充足的自然光线往往降低色彩的饱和度。

葡萄丰收季

秋天的黄橙色相可以作为深葡萄色戏剧性的背景色。近似互补色的色相之间形成强烈的对比，打造了一个动态足的配色方案。加入低彩度的紫罗兰色，可以削弱动感。

- C:86 M:87 Y:27 K:14
- C:56 M:51 Y:17 K:1
- C:2 M:43 Y:72 K:0
- C:1 M:63 Y:73 K:0
- C:10 M:87 Y:84 K:1

- R:58 G:51 B:11
- R:128 G:124 B
- R:242 G:166 B
- R:237 G:124 B
- R:217 G:65 B:4

这个微妙的配色应用在室内设计中有一定难度，却是一个漂亮的织物配色方案。将这些色相编织在御寒服装里，即使在最阴冷和忧郁的日子里，也能带来温暖。

紫色配
石榴红

收集喜欢的紫罗兰色和紫红色调，创建一个美丽浪漫的配色方案。与更加柔和的银色薰衣草色相配，可以突出深紫红色，而且看起来不会太繁乱太朴素。

C:37 M:37 Y:6 K:0
C:51 M:63 Y:26 K:3
C:45 M:92 Y:47 K:33
C:34 M:79 Y:33 K:4
C:0 M:0 Y:0 K:0

R:172 G:161 B
R:141 G:105 B
R:121 G:33 B:
R:174 G:78 B:
R:254 G:254 B

这个客厅很好地展示了如何大面积使用一种色彩，又不至于过度。由于勃艮第和紫罗兰是很相似的色相，因此两者可以完美融合，而非争相斗艳。

粉色

嫩绿中的花瓣粉

从大自然中找寻粉红色的灵感。漂亮的花瓣粉点缀以新鲜的叶绿色，非常适宜室内使用。粉红色和浅绿色是互
色，搭配在一起，迸发出别样的活力。

C:0 M:0 Y:0 K:100
C:0 M:49 Y:0 K:0
C:1 M:28 Y:0 K:0
C:34 M:11 Y:79 K:0
C:0 M:0 Y:0 K:0

R:215 G:75 B:13
R:241 G:160 B:1
R:246 G:204 B:2
R:184 G:198 B:8
R:254 G:254 B:2

漂亮的粉红色钱包、配饰与绿色鞋子，为出行增添春意及乐趣。单是玫瑰红的眼镜就可带来一整天的快乐心情。

欢快的粉色

红色、蓝色和黄色是三原色——在色环上均匀地间隔开来。三原色搭配会形成高对比度、高能量的配色方案。
用较浅的色调，以降低配色的强度，同时还可以保留其趣味性。

- C:5 M:92 Y:0 K:0
- C:8 M:48 Y:0 K:0
- C:3 M:18 Y:0 K:0
- C:63 M:0 Y:23 K:0
- C:7 M:14 Y:98 K:0

- R:222 G:36 B:1
- R:228 G:158 B:
- R:245 G:222 B:
- R:80 G:190 B:2
- R:242 G:213 B:

这个配色方案对儿童房或娱乐空间来说是极佳选择，轻松有趣，充满活力，非常适合于娱乐时间，或为完成作业而需要增加额外的推动力之时。

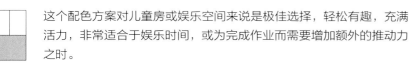

暖粉与冷紫

令人愉快的粉红色和紫色的组合形成迷人的配色方案。高彩度的粉红色相为配色提供了精致的氛围，柔软的粉色则使之更有活力。

- C:2 M:72 Y:1 K:0
- C:14 M:94 Y:24 K:0
- C:12 M:6 Y:10 K:4
- C:0 M:0 Y:0 K:0
- C:55 M:82 Y:16 K:1

- R:231 G:103 B:1
- R:209 G:34 B:11
- R:224 G:228 B:2
- R:254 G:254 B:2
- R:135 G:68 B:13

带有粉红色调的装饰比较难以搭配，因为其易于显得幼稚。在这个优雅的客厅中，采用深玫瑰色和紫色色调以及冷白色和铬色，作为点缀色相配。

一抹品红

粉红色系属于罗兰花的色调。虽然黑色和其他暗中性色可以作为一个优雅色板的基础色，但注入少量醒目的粉色，可以增添意想不到的潇洒活泼。

C:0 M:89 Y:6 K:0
C:2 M:32 Y:2 K:0
C:46 M:43 Y:49 K:8
C:0 M:0 Y:0 K:100
C:0 M:0 Y:0 K:0

R:230 G:51 B:1
R:243 G:195 B:
R:147 G:135 B:
R:34 G:24 B:20
R:254 G:254 B:

小黑裙上的鲜艳粉红装饰使裙子颇具故事性，在时尚的黑色面料和简洁的线条的衬托下，花卉的细节显得尤其光彩夺目。

粉色与青白

强烈的粉红色往往是聚会的焦点。添加一些对比
明的银绿色，然后混合大量白色，为配色增添几
复古感，视觉上得到舒缓与放松。

- C:0 M:0 Y:0 K:100
- C:11 M:85 Y:35 K:0
- C:0 M:84 Y:17 K:0
- C:22 M:6 Y:18 K:0
- C:0 M:0 Y:0 K:0

- R:243 G:193 B:
- R:215 G:68 B:1
- R:231 G:70 B:1
- R:208 G:224 B:
- R:254 G:254 B:

厨房中，注入单纯的绿色和漂亮的粉红色，营造出甜蜜的乡村氛围。这是一个多彩的配色方案，柔软并有点褪色的色调，使得配色不会过于浓烈。

春之粉色

漂亮而轻淡柔和的彩虹色预示春天、希望、重生与更新。这个配色方案的关键是寻找具有相似值（明度或暗度和淡彩度（适当的白色添加到色相中）的色彩。

C:0 M:24 Y:0 K:0
C:26 M:3 Y:4 K:0
C:15 M:22 Y:0 K:0
C:20 M:5 Y:37 K:0
C:0 M:5 Y:38 K:0

R:248 G:212 B
R:197 G:226 B
R:220 G:204 B
R:214 G:225 B
R:225 G:242 B

令人愉悦的茶具展架放入一个白色调的乡村厨房里，使之更加迷人。虽然配色中使用了多种色相，但因为色值和淡彩度相似，所以看起来不会感到繁乱。

夏日粉色

甜蜜的粉红色从夏日的阳光黄中得以温暖的升。这是一个有趣且充满活力的配色，是在花盛开、阳光温暖、长时间嬉戏的季节里的福配色。

C:3 M:18 Y:8 K:0
C:2 M:35 Y:3 K:0
C:10 M:71 Y:3 K:0
C:0 M:5 Y:58 K:0
C:0 M:0 Y:0 K:0

R:245 G:221 B:
R:242 G:189 B:
R:219 G:103 B:
R:255 G:238 B:
R:254 G:254 B:

可以说，最好的配色方案有时直接源于大自然。例如，这朵花中，渐变的粉红色和充满活力的黄色花蕊，为完美的派对配色奠定了基础。

粉红色

浅贝壳粉色具有柔软、透气的质感，与柔软中色和金属色相搭配，即刻凸显优雅之美。这种妙至极的配色，主要依靠有趣的质感，使之引注目。

- C:3 M:31 Y:19 K:0
- C:12 M:18 Y:22 K:0
- C:27 M:22 Y:32 K:0
- C:0 M:0 Y:0 K:0
- C:21 M:36 Y:74 K:14

- R:242 G:194 B:
- R:228 G:212 B:
- R:196 G:192 B:
- R:254 G:254 B:
- R:190 G:152 B:

用粉红色、金色和白色柔和色调来装饰一张漂亮的桌子。金色元素尽显正式、高档之风，而奶白色背景下的粉红色则添加了几分温暖。

桃红色

灵感源于水果的色相，营造出甜美、舒适的氛围。粉红色、桃红色和软黄色是相近的色彩，所以搭配时尽管有冲击力，却不失和谐。闪亮的银饰或珠光元素为色调增添了几分优雅。

C:1 M:45 Y:28 K:0
C:12 M:73 Y:50 K:0
C:4 M:7 Y:34 K:0
C:4 M:2 Y:3 K:3
C:0 M:0 Y:0 K:0

R:241 G:166 B:1
R:216 G:99 B:99
R:248 G:236 B:1
R:243 G:245 B:2
R:254 G:254 B:2

醇厚的桃红色掺杂一抹柔和的橙色，极富浪漫的吸引力，是家居环境中的休闲空间，如读书角的绝佳选择。将白色和柔和的黄色作为点缀色，保障了配色的轻盈之感。

深色玫瑰粉

若想抛弃粉彩色，可以采用这个基于粉红色的色
方案。华美的深玫瑰色相可以作为多色配色中的
性色，尤其是搭配同类色彩的低色调色彩之时。

- C:30 M:100 Y:43 K:10
- C:51 M:95 Y:18 K:3
- C:20 M:49 Y:0 K:0
- C:56 M:34 Y:53 K:7
- C:13 M:17 Y:23 K:0

- R:172 G:10 B:84
- R:143 G:37 B:11
- R:205 G:148 B:1
- R:122 G:143 B:1
- R:226 G:213 B:1

富贵的紫红色和红宝石色调的花朵为新娘的捧花带来惊艳的配色效果。叶子呈现的柔和的银绿色调，衬托出明艳花朵的活力。

趋于淡紫色

这种粉红色丝毫没有幼稚感，少量灰色降低了强度，使之不那么甜蜜和天真。低色调粉色为充斥类似情绪和调
色相的配色方案带来了温暖和韵味。

C:12 M:59 Y:28 K:0
C:3 M:37 Y:42 K:0
C:15 M:17 Y:30 K:0
C:55 M:39 Y:24 K:0
C:47 M:39 Y:24 K:1

R:219 G:131 B:1
R:241 G:180 B:1
R:222 G:210 B:1
R:129 G:144 B:1
R:149 G:149 B:1

这种特别的粉色调几乎适合所有肤色，所以这是服饰搭配中不错的选择，尤其是赴约之时。蓝灰色裙子的中性色与时尚上衣的粉红色相搭配。

橙色与
棕色

橙色味道

带有棕色调的橙色芬芳又朴素。若选用令人愉快的多彩橙色进行搭配，万无一失的方法就是选择具有相似值（
度或暗度）和色度（色彩纯度）的橙色。

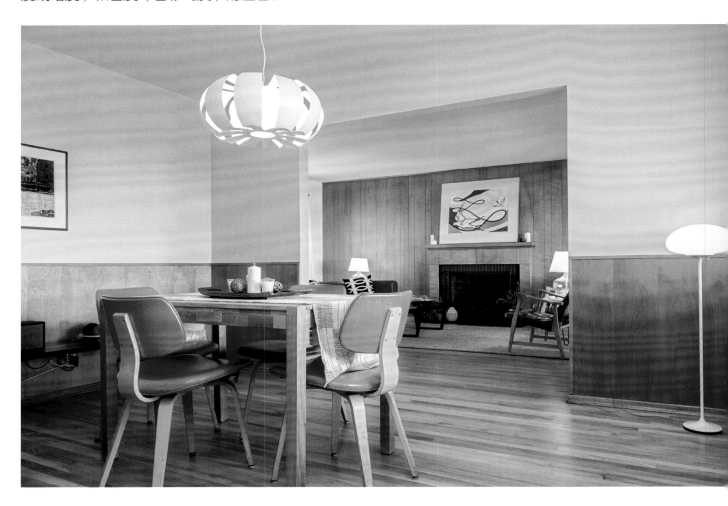

C:0 M:76 Y:92 K:0
C:10 M:97 Y:99 K:2
C:14 M:56 Y:94 K:1
C:22 M:58 Y:79 K:6
C:0 M:0 Y:0 K:0

R:235 G:94 B:2
R:214 G:29 B:2
R:217 G:133 B:
R:196 G:122 B:
R:254 G:254 B

家居配色中要考量表面材料，例如，木地板或镶板。空间中木质温暖的橙色，通过椅子很好地传递出来。

活泼的橙色

色环的暖色系部分（红色、橙色和黄色），特别是其中比较艳丽的色调，营造出友好、欢快的氛围。通常认为暖色能鼓励人们交流对话，因而是餐厅和派对装饰的绝佳选择。

C:1 M:77 Y:93 K:0
C:1 M:23 Y:87 K:0
C:2 M:51 Y:68 K:0
C:0 M:55 Y:19 K:0
C:0 M:91 Y:7 K:0

R:223 G:91 B:2
R:251 G:203 B
R:239 G:150 B
R:239 G:145 B
R:230 G:42 B:1

这种绚烂色彩的醒目搭配非常适用于映衬花束。采用这样的鲜亮配色方案时，要考虑所用花朵的种类，花束应简单一些。

欢快的橙色

草本绿色可以作为一种中性色，因此可以大胆在搭配中添加一点热情的橙色。配色中无须增加刺眼的亮色，使
低色调绿色，以平衡似火的橙色。

- C:1 M:74 Y:89 K:0
- C:0 M:46 Y:45 K:0
- C:46 M:36 Y:99 K:11
- C:17 M:3 Y:30 K:0
- C:0 M:0 Y:0 K:0

- R:234 G:99 B:3
- R:243 G:163 B:
- R:146 G:140 B:
- R:220 G:232 B:
- R:254 G:254 B:

用鲜亮色调装饰时，避免色彩过于艳丽的一种方法是保证70%的空间为浅中性色，例如，白色或茶色，其余 30%的部分，随意选用一些明亮的色彩。

夏日橙色

日照褪色的色彩有一种柔和、梦幻和舒适的韵味。这些并不完全是粉彩色相，而是艳丽的新鲜水果和春季鲜花
彩的褪色版本。

- C:2 M:58 Y:55 K:0
- C:0 M:2 Y:11 K:3
- C:15 M:18 Y:32 K:0
- C:25 M:45 Y:53 K:2
- C:0 M:0 Y:0 K:0

- R:237 G:136 B:
- R:251 G:247 B:
- R:223 G:208 B:
- R:197 G:150 B:
- R:254 G:254 B:

宁静的配色方案并不乏味或无趣。这个可爱的婴儿房用欢快的珊瑚色将柔和、中性的色相变得丰富起来，画面柔和舒缓。

橙色冰霜

亮橙色，美丽又引人瞩目，但大量使用可能显得有点夸张。可以搭配淡奶油橙色以及大比例的白色，以平衡亮度

C:3 M:29 Y:31 K:0
C:1 M:67 Y:78 K:0
C:1 M:82 Y:96 K:0
C:4 M:10 Y:27 K:0
C:0 M:0 Y:0 K:0

R:243 G:197 B:
R:236 G:115 B:
R:232 G:79 B:1
R:246 G:232 B:
R:254 G:254 B:

鲜亮的橙色调墙体在有大量自然光或柔和白色元素的空间中效果最佳，例如，在这个客厅中，强调色越突出，越应使用较少的装饰品。

现代橙色

橙色与暖调中性色如茶色、米色和奶油色是传统
搭配。如果希望充满现代意象，可以尝试使用冷
调的中性色，如灰褐色和灰色，以及冷白色和黑色
以搭配橙色。

C:0 M:80 Y:88 K:0
C:47 M:44 Y:44 K:7
C:13 M:13 Y:14 K:0
C:0 M:0 Y:0 K:100
C:0 M:0 Y:0 K:0

R:234 G:84 B:35
R:145 G:134 B:
R:226 G:216 B:
R:34 G:24 B:20
R:254 G:254 B:

冷色调具有令人放松的效果，成为卧室的最佳选择。采用针织品或枕头等软装饰品，在房间中加入一点明亮的橙色，以免房间变得昏暗。

橙色剧情

墨蓝灰色和普通黑色与南瓜橙色相结合，是提升画面感的完美底色。红紫的浓色和淡色既缓和了强烈的对比，增添了新奇的元素。

C:16 M:80 Y:79 K:4
C:37 M:78 Y:26 K:2
C:44 M:87 Y:60 K:52
C:67 M:60 Y:49 K:50
C:0 M:0 Y:0 K:100

R:204 G:80 B:
R:170 G:81 B:
R:97 G:29 B:
R:63 G:62 B:
R:34 G:24 B:

如果使用恰当，黑色内饰显得非常优雅。从这个引人注目的空间得到启示，在房间的下半部分使用浓重的色彩，并一直延伸到地面，然后在上半部分使用彩色，吸引人们的目光。

秋之橙色

变化的树叶，其暖调的丰富色彩预示即将到来的秋天和过渡期。加入大量的充满活力的橙色和红橙色，以使色
不至于过度古怪。

- C:13 M:89 Y:100 K:3
- C:0 M:67 Y:82 K:0
- C:24 M:91 Y:97 K:19
- C:44 M:95 Y:82 K:61
- C:36 M:93 Y:71 K:46

- R:209 G:58 B:2
- R:237 G:115 B
- R:171 G:46 B:2
- R:84 G:38 B:2
- R:115 G:23 B:3

选择秋季婚礼的配色方案时，可利用季节性色调的优势。用来装饰这个蛋糕的各种橙色，从红橙色到淡棕色，非常惹人喜爱。

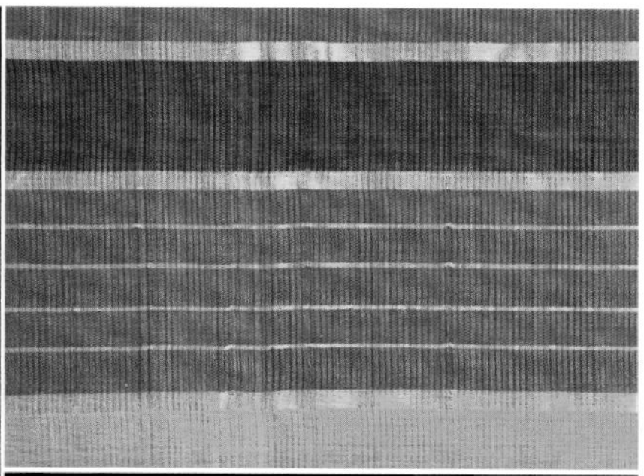

金色光辉

橙色过渡到棕色，有点暗淡，加入暖调的金属色如铜色、青铜色和金色做点缀，可以增添趣味。这些单色配色
案非常适合与纹理、光泽和图案的综合应用。

C:40 M:78 Y:85 K:54
C:41 M:60 Y:73 K:29
C:19 M:26 Y:67 K:8
C:0 M:0 Y:0 K:112
C:14 M:22 Y:39 K:0

R:99 G:42 B:21
R:133 G:91 B:5
R:204 G:178 B:
R:214 G:168 B:1
R:224 G:201 B:1

选取迷人的巧克力棕色，是 “小黑裙” 的另外一番尝试。奢华的深棕色是金色细节装饰的绝佳背景色，反光、抢眼、微微发亮。

冷调蓝绿色

橙色和蓝色是互补色，在色环上相互对立。使用补色时，切记勿使另外一种色彩显得更强烈。如松石色已然鲜亮时，尽量让橙棕色更淡一些。

C:0 M:0 Y:0 K:100
C:38 M:75 Y:98 K:46
C:80 M:9 Y:28 K:0
C:67 M:0 Y:33 K:0
C:44 M:0 Y:20 K:0

R:156 G:65 B:2
R:114 G:54 B:1
R:0 G:164 B:18
R:63 G:185 B:1
R:151 G:210 B

尽量让派对装饰限制在两种艳丽的色相以内，添加一些恰到好处的中性色，这样可以简化选择和组合需购买物品的过程。以选择的色调为中心，最终的效果定会更加紧密。

牛奶太妃

甜甜的焦糖色和奶油色调可作为棕色或黑色不错的备选色。搭配清色（与白色混合的色彩）、浊色（与灰色混
的色彩）和暗色（与黑色混合的色彩），组成一个色彩丰富而不太惹眼的配色。

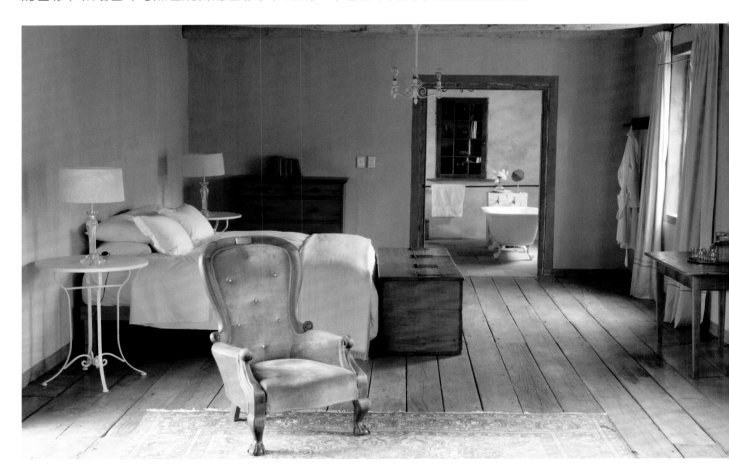

C:26 M:31 Y:42 K:0
C:34 M:80 Y:94 K:42
C:0 M:0 Y:0 K:100
C:4 M:3 Y:12 K:0
C:0 M:0 Y:0 K:0

R:198 G:177 B:
R:124 G:51 B:18
R:216 G:151 B:7
R:247 G:246 B:2
R:254 G:254 B:2

如果家中有这样美丽的硬木地板，可在空间中加入类似暖木色调，以提升其质感。中性配色使华丽的表面材料散发光芒。

脚踏实地

大自然创造的丰富褐色色调带有招人喜欢的有机韵味。在这种素净的基础上添加一点如腮红粉的漂亮元素，这
粉色包含淡淡的橙色色调，使其不至于太甜蜜。

C:42 M:65 Y:73 K:36
C:34 M:50 Y:56 K:8
C:15 M:26 Y:41 K:0
C:0 M:26 Y:26 K:0
C:0 M:0 Y:0 K:0

R:122 G:77 B:53
R:172 G:130 B:1
R:221 G:193 B:1
R:249 G:205 B:1
R:254 G:254 B:2

户外婚礼或聚会应通过某种方式引入户外元素和色彩，结合精致的粉色花朵，为简单、有机的棕色增添迷人的韵味。

铮亮的铜色

暖调的黑铜色相可以中和冷调的金属灰色。用暖色调混合冷调中性色是常用打破全灰或全米色的绝佳方式。在
个方案中，可以添加多种有趣的强调色。

- C:69 M:75 Y:71 K:2
- C:31 M:71 Y:94 K:25
- C:54 M:81 Y:78 K:100
- C:25 M:19 Y:19 K:0
- C:11 M:6 Y:10 K:0

- R:105 G:80 B:7
- R:155 G:80 B:2
- R:0 G:0 B:0
- R:200 G:200 B:
- R:232 G:235 B:

开放的概念空间很难装饰，用有限的色彩创造动感，如在漂亮的厨房、餐厅和客厅中使用少量色彩，这种方法简单易行。

温暖的微光

通常，橙色和棕色的色相与暖调的金属元素搭配，冷调银铬色和金属色搭配是一种更现代的方法。抛光金属表面也能提升优雅之感。

C:52 M:68 Y:77 K:66
C:23 M:49 Y:76 K:5
C:4 M:11 Y:25 K:0
C:0 M:0 Y:0 K:0
C:24 M:19 Y:17 K:1

R:67 G:39 B:23
R:197 G:139 B:7
R:246 G:230 B:1
R:254 G:254 B:2
R:201 G:201 B:2

厨房中，泥土棕色的墙壁易于使空间如同暗洞一般，但由于此处加入了大量白色和一些反光的金属元素，因此效果很好。

剑麻和淡粉

从天然纤维中提取的色彩具有柔软和闲散的质感但在添加少量亮粉色之后，整个配色方案尽显种考究的意象，优雅且不会让人感到陈旧或古板

- C:49 M:72 Y:71 K:54
- C:34 M:47 Y:62 K:8
- C:17 M:21 Y:30 K:1
- C:42 M:69 Y:44 K:13
- C:3 M:16 Y:12 K:0

- R:88 G:48 B:39
- R:173 G:136 B:9
- R:218 G:202 B:
- R:150 G:90 B:10
- R:246 G:224 B:2

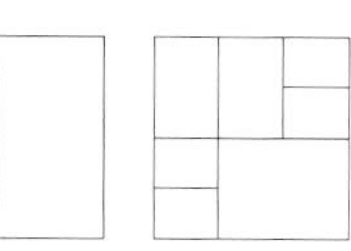

如果需要经常装修，可以考虑将较贵的物品（如大件家具）选为中性色，通过选用实惠的装饰配件（如枕头和其他纺织品）来享受色彩的乐趣。

咖啡和奶油

这种迷人的色板以丰富的咖啡色相（深黑的意大利浓咖啡、淡拿铁）为基底，再添加大量的紫梅红色。其效果不过于张扬，同时彰显迷人的魅力。

C:47 M:70 Y:69 K:49
C:36 M:42 Y:49 K:4
C:15 M:17 Y:20 K:0
C:0 M:0 Y:0 K:0
C:51 M:100 Y:46 K:47

R:98 G:57 B:46
R:173 G:148 B:
R:222 G:212 B:
R:255 G:255 B:
R:95 G:15 B:7

采用深色色相做装饰时，考虑一下所装饰空间内材质的光泽。这间浴室色彩较深，但由于其表面较为光滑，因此也会折射出少许光亮。

黑色与颓废

用美味的黑巧克力色相作为浓郁的底色，以此凸深樱桃红色。这种精美的配色方案可用于餐厅、书馆或主卧等舒适亲切的空间。

- C:51 M:100 Y:46 K:47
- C:0 M:0 Y:0 K:100
- C:0 M:0 Y:0 K:0
- C:25 M:99 Y:98 K:30
- C:39 M:93 Y:75 K:60

- R:64 G:47 B:34
- R:35 G:24 B:21
- R:255 G:255 B:2
- R:153 G:15 B:2
- R:91 G:10 B:22

身边的色彩可以刺激人们的感官，并影响心情。用各种温暖、厚重及丰富的色相让卧室更加舒适温馨。

中性色

卡其对比

采用卡其色，再配上明色或暗色色相，作为对比，调和成一种变化丰富的中性色板。白色保持了亮度，深褐色
黑色增添了深度。

C:20 M:28 Y:36 K:0
C:0 M:0 Y:0 K:0
C:5 M:21 Y:54 K:0
C:50 M:63 Y:87 K:53
C:0 M:0 Y:0 K:100

R:211 G:187 B:1
R:255 G:255 B:2
R:243 G:208 B:1
R:88 G:60 B:27
R:35 G:24 B:21

可在家中随意混合各种木色调。如果想避免沉重的木屋氛围，可以从这个美丽的空间得到启发，配以大面积的白色，打破木色调氛围，并尽显空灵之感。

肉桂香料

淡淡的香辛色相带来舒适宜人的氛围。这种柔和而协调的配色很好地搭配闪亮的元素，可以考虑另外添加温暖的金属色调，从而尽显迷人的魅力。

C:14 M:42 Y:64 K:0
C:22 M:62 Y:71 K:6
C:0 M:0 Y:0 K:0
C:6 M:7 Y:16 K:0
C:19 M:26 Y:67 K:8 （p208 金）

R:221 G:163 B:
R:195 G:115 B:
R:255 G:255 B:
R:243 G:237 B:
R:204 G:178 B:

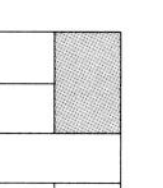

对聚会的用餐空间进行装饰时，应注意色彩灵感也会传递美味。温暖、香辛的色相可以增加人们的食欲，有心情吃喝玩乐。

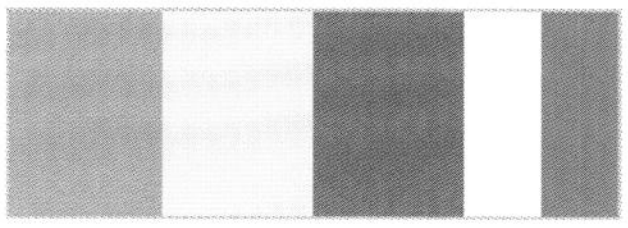

优雅米色

如果你不是米色和棕褐色的热衷者，同时也没有完全接受灰色，可以尝试下米黄色和茶色。这种冷色调比暖色
含有更多灰色，散发出清新的现代气息。

C:26 M:22 Y:29 K:0
C:44 M:45 Y:60 K:13
C:37 M:38 Y:47 K:3
C:59 M:60 Y:76 K:59
C:0 M:0 Y:0 K:0

R:199 G:194 B:
R:147 G:129 B:
R:172 G:155 B:
R:67 G:55 B:36
R:255 G:255 B:

正如这个客厅一样，如果色彩种类有限，应考虑使用各种肌理和光泽，空间看起来不那么呆板和单调。

赤褐色大全

暖色相的高饱和度色调，如红色、橙色和黄色，在视觉上看起来喧闹且张扬，用于家居内部装饰尤为如此。若
要营造更加柔和、舒适的氛围，应使用这些色相的低饱和度色调。

- C:16 M:27 Y:52 K:0
- C:24 M:88 Y:98 K:18
- C:32 M:97 Y:99 K:44
- C:32 M:50 Y:75 K:11
- C:1 M:0 Y:0 K:0

- R:220 G:190 B:1
- R:173 G:54 B:25
- R:123 G:15 B:11
- R:173 G:128 B:7
- R:254 G:254 B:2

中性色调并非枯燥之味。这个客厅装饰主要为中性色调，但由于添加了各种美丽丰富的色彩，因此视觉效果看起来更加有趣、温馨且引人注目。

柳条绿与木板棕

各种棕色的混合——浅褐色和深褐色，以及冷调与暖调的褐色——形成丰富、经典的配色。使用这种近乎于单色的配色时，应考虑加入丰富的肌理、图案以及光泽。

C:4 M:12 Y:15 K:0
C:16 M:24 Y:42 K:0
C:43 M:48 Y:57 K:12
C:0 M:0 Y:0 K:0
C:0 M:0 Y:0 K:100

R:246 G:230 B:2
R:220 G:196 B:1
R:150 G:126 B:1
R:255 G:255 B:2
R:35 G:24 B:21

这个厨房饱含美妙、休闲、海滨般的意象。使用各种天然材质并搭配中性色是极为明智的选择，让这个空间无论何时都不显过时。

蘑菇与苔藓绿

自然界可以提供一些最佳的配色提案。大自然中存在着很多柔和的绿色以及灰褐色色相，因此当我们在其他环境中遇到这些色调时，常常倾向于与之产生一种积极的联系。

- C:16 M:13 Y:25 K:0
- C:37 M:37 Y:51 K:3
- C:39 M:16 Y:59 K:0
- C:47 M:34 Y:75 K:10
- C:0 M:0 Y:0 K:0

- R:221 G:217 B:1
- R:173 G:156 B:1
- R:195 G:197 B:1
- R:144 G:145 B:8
- R:255 G:255 B:2

大胆地用这种变化丰富的图案做装饰，就像这个美丽的楼梯。不同的图案共享同一种配色主题，通常可以很好地融合在一起。

柔和的西芹

清浅的中性配色，外加清新的绿色色调，带有明
色调的绿色散发出新鲜、素雅的气息。高明度的
彩本身充满活力，但并不过分张扬。

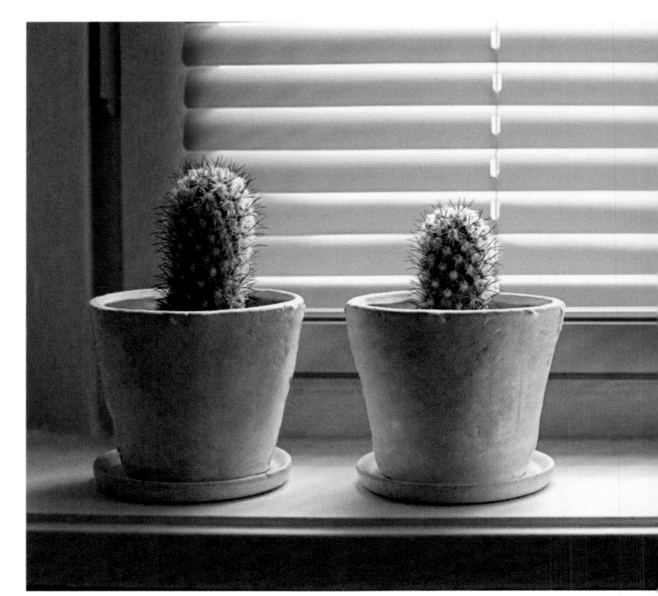

C:17 M:10 Y:46 K:0
C:19 M:6 Y:61 K:0
C:0 M:0 Y:0 K:0
C:27 M:31 Y:32 K:0
C:61 M:59 Y:56 K:33

R:221 G:219 B:1
R:218 G:221 B:1
R:255 G:255 B:2
R:196 G:177 B:1
R:93 G:82 B:80

得益于家具的对称布局，客厅看起来较为正式。柔和的中性配色主题以及嫩绿色的点缀让这个空间看起来友好且充满魅力。

棕色奶糖

白色和灰白色为主的配色尽显轻快且超凡的品质。以这个配色为基础，并策略性地添加一些暗色调如浓郁的褐或淡彩橙色，加以强调。

C:14 M:11 Y:25 K:0
C:49 M:60 Y:86 K:58
C:27 M:2 Y:30 K:0
C:27 M:36 Y:61 K:1
C:0 M:0 Y:0 K:0

R:226 G:222 B:
R:82 G:58 B:24
R:197 G:188 B:
R:197 G:166 B:
R:255 G:255 B:

温暖的中性配色是浴室的最佳选择，尤其是在气候凉爽之时，这更是一个特别明智的选择。如果浴室没有充足的自然光线，可以选择一些浅色调的配色。

奶油与深绿色

搭配温暖的白色，将绿色带出低沉、阴暗的森林，营造更加正式、光线充足的环境。这些绿色带有一丝蓝色调，配色带来的清爽感觉与奶油淡淡的温馨形成鲜明的对比。

C:0 M:4 Y:11 K:0
C:0 M:0 Y:0 K:0
C:75 M:34 Y:100 K:22
C:72 M:50 Y:99 K:56
C:52 M:69 Y:84 K:69

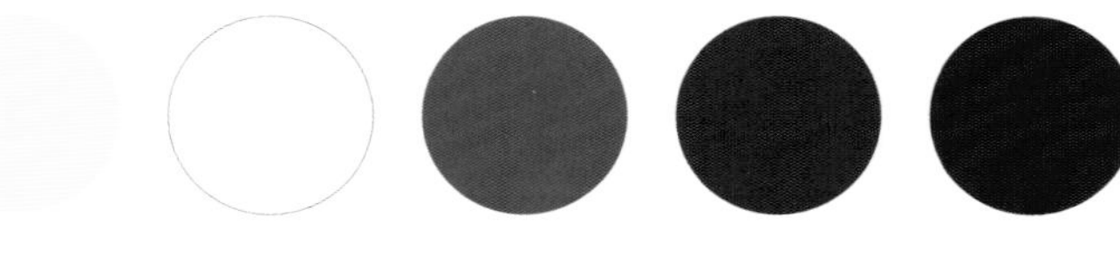

R:255 G:248 B:2
R:255 G:255 B:2
R:62 G:155 B:45
R:48 G:65 B:20
R:64 G:36 B:13

请记住，装饰以白色（或灰白色）色调为主的房间时，添加的任何一种色彩都会脱颖而出，确保所选色彩引人注目，如同这把可爱的叶绿色椅子。

烟草和驼色

这些帅气、经典的中性色彩与美味的葡萄酒相搭配。甘美的深紫红色有助于调和轻微浑浊的中性主色调。为保持
特殊感，深紫红色仅作为点缀。

C:14 M:9 Y:27 K:0
C:34 M:42 Y:69 K:7
C:0 M:0 Y:0 K:0
C:41 M:47 Y:42 K:53
C:52 M:88 Y:49 K:45

R:226 G:225 B:1
R:175 G:144 B:8
R:255 G:255 B:2
R:99 G:82 B:80
R:96 G:33 B:62

用色彩为主卧增添浪漫的氛围，驼色、棕色以及深紫红色等温暖且浓郁的色调为主卧套房营造出温馨、亲密的氛围，否则会显得冷峻而肃穆。

珊瑚和海玻璃

色彩斑斓的配色无需过于大胆和喧闹。在色彩丰富的主题中，使用各种柔和、褪色的色相，使其显得素雅。干
色相为柔和珊瑚色和海玻璃绿色提供了一个梦幻般的基底。

C:19 M:26 Y:40 K:0
C:29 M:62 Y:79 K:15
C:2 M:44 Y:32 K:0
C:35 M:15 Y:39 K:0
C:0 M:0 Y:0 K:0

R:214 G:191 B:1
R:172 G:105 B:5
R:241 G:167 B:1
R:179 G:196 B:1
R:255 G:255 B:2

鲜花中精美的橙色和绿色为桌面装饰提供了完美的色彩。材料天然、色调中性温馨，这样的装饰既不显得古板，也不过于正式。

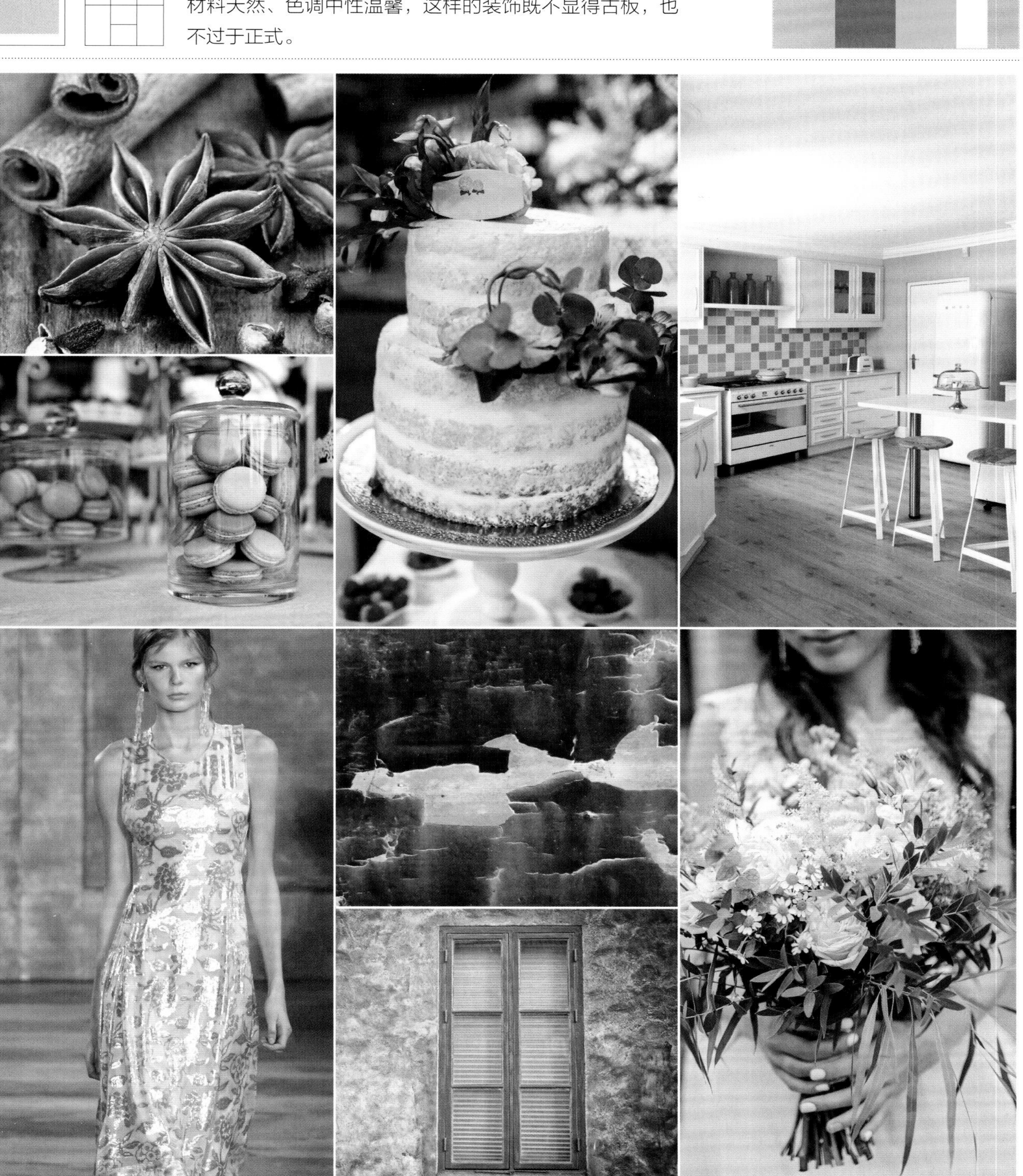

浆果与巧克力

用最喜欢的食物色彩来装扮自己。香草、巧克力和浆果红色相搭能够增加食欲、刺激感官，同时也可获得满足感。

- C:14 M:18 Y:22 K:0
- C:31 M:58 Y:75 K:15
- C:44 M:72 Y:78 K:54
- C:0 M:0 Y:0 K:0
- C:17 M:100 Y:100 K:8

- R:223 G:211 B:19
- R:169 G:111 B:65
- R:95 G:50 B:32
- R:255 G:255 B:25
- R:195 G:17 B:26

为使房间在视觉上更开放、宽敞，可以从这个迷人的客厅中找到一些灵感，使用暗淡的色相装饰地板，然后用较浅的色彩装饰墙壁，再与白色的天花板形成完美搭配。

淡彩青色

清浅且温和的中性色，如米色和棕褐色往往是非常流行的色调，特别是在室内外装饰上。添加一些超常规的色彩如淡青色，使配色更加个性化。

C:3 M:3 Y:7 K:3
C:27 M:24 Y:43 K:0
C:43 M:44 Y:77 K:16
C:64 M:33 Y:43 K:5
C:0 M:0 Y: 0K:0

R:246 G:244 B:23
R197: G:188 B:15
R:146 G:127 B:69
R:101 G:142 B:13
R:255 G:255 B:25

将色相限定为三到四种时，对大多数建筑外立面而言最为适宜。如果房子采用很多装饰，那么没有必要在每个细节上刷不同色相的油漆。使用对比色时一定要谨慎。

红色
黄色
绿色
蓝色
紫色
粉色
橙色与棕色
中性色
灰色

新中性色

使用米色和灰色作为中性色，难免千篇一律，可
用其他不太常用的中性色调作为替代。带有黄色
绿色色调的深棕色令人眼前一亮，海军蓝则可以
来填补黑色。

- C:45 M:43 Y:59 K:12
- C:27 M:24 Y:53 K:0
- C:15 M:11 Y:21 K:0
- C:86 M:73 Y:32 K:16
- C:0 M:0 Y:0 K:100

- R:146 G:132 B:1
- R:198 G:187 B:1
- R:224 G:222 B:2
- R:49 G:70 B:114
- R:35 G:24 B:21

客厅墙上帅气的烟草色使其成为一个超级舒适的空间，牛仔蓝色调的椅子与之形成一种清凉的对比。天花板上的白色装饰线让这个空间更加清新素雅。

冷调棕色和蓝色

蓝色和橙色是互补色，在色环上彼此相对，形成个活泼、动感十足的配色主题。可以用橙色的低度类似色棕色替换橙色，以降低配色的能量级别。

- C:38 M:37 Y:41 K:2
- C:52 M:53 Y:60 K:24
- C:49 M:73 Y:80 K:70
- C:0 M:0 Y:0 K:0
- C:38 M:17 Y:6 K:0

- R:171 G:157 B:1
- R:119 G:102 B:8
- R:66 G:30 B:14
- R:255 G:255 B:2
- R:168 G:193 B:2

完美的假期包括在海滩上度过的美好时光，可尝试用柔软的沙滩和水蓝色作为配色主题，将海滨意象带入客厅之中。

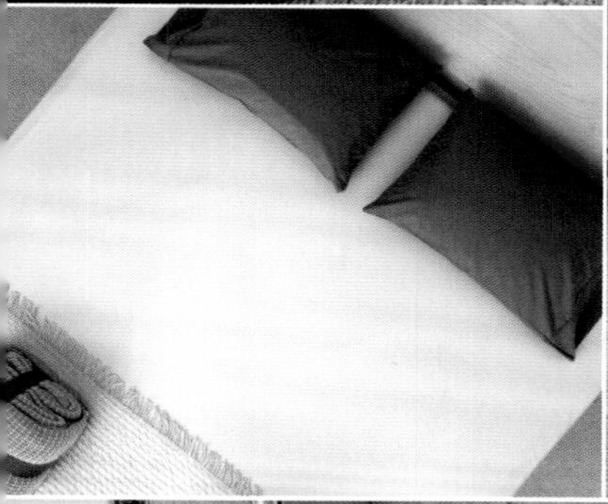

灰色

灰色色调

纯色配色可以营造安静优雅的氛围，特别是当色调从白色过渡到黑色之时。围绕灰色，可以试着将暖色调和冷色调搭配在一起，配色不会沉闷或乏味。

- C:13 M:9 Y:8 K:0
- C:57 M:48 Y:48 K:15
- C:25 M:21 Y:27 K:0
- C:0 M:0 Y:0 K:100
- C:0 M:0 Y:0 K:0

- R:227 G:229 B:2
- R:116 G:116 B:1
- R:201 G:196 B:1
- R:35 G:24 B:21
- R:255 G:255 B:2

如果想用黑白色色板来装饰，考虑添加一点灰色，如同这个优雅的房间。灰色作为一个桥梁，可软化黑白元素之间的鲜明对比。

暖调灰色

用大量的暖灰色可以缓和黑色和深棕色色相的沉重感。这种帅气的配色方案可以营造高端大气的氛围，特别是
添加闪亮的金色元素和细节之后。

- C:26 M:21 Y:22 K:0
- C:57 M:78 Y:76 K:61
- C:0 M:0 Y:0 K:100
- C:0 M:0 Y:0 K:0
- C:21 M:36 Y:74 K:14 （p182 金）

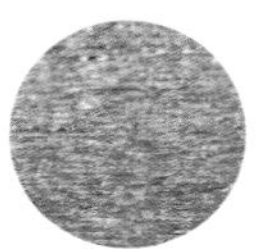

- R:198 G:196 B:1
- R:69 G:34 B:28
- R:35 G:24 B:21
- R:255 G:255 B:2
- R:190 G:152 B:7

用大胆的色彩点缀墙壁，这些金属镀金外壳为墙壁增添了温度和微光，使这个黑、白、灰空间洋溢着极简抽象派的艺术气息。

自然色混搭

既不显热情，又不显冷漠，这个配色方案运用得恰到好处。集合各种冷灰和暖灰色，再加入黑白色的对比，让
与美味的焦糖联系在一起。

- C:38 M:32 Y:37 K:1
- C:0 M:0 Y:0 K:0
- C:57 M:49 Y:48 K:15
- C:34 M:56 Y:71 K:15
- C:0 M:0 Y:0 K:100

- R:172 G:167 B:1
- R:255 G:255 B:2
- R:116 G:114 B:11
- R:164 G:114 B:73
- R:35 G:24 B:21

优雅的厨房将一些很不寻常的材料与古怪的古董家具混搭在一起，配色相当内敛且中性，形成迷人且永恒的意象。

香料灰色

将少许橙色与灰色系列相搭配，从而形成冷暖相间的迷人色调。清冷的蓝灰色与橙色形成鲜明的对比，中性或暖灰色为空间注入了几分和谐。

- C:38 M:31 Y:30 K:0
- C:27 M:24 Y:53 K:0
- C:0 M:0 Y:0 K:100
- C:55 M:49 Y:53 K:18
- C:19 M:76 Y:91 K:8

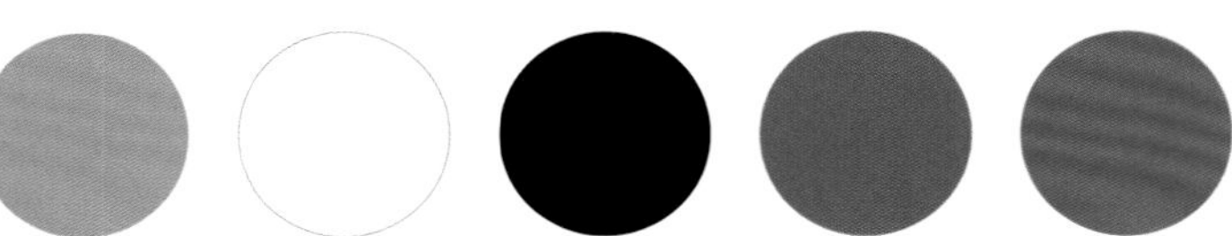

- R:172 G:170 B:1
- R:198 G:187 B:1
- R:35 G:24 B:21
- R:118 G:112 B:10
- R:196 G:86 B:36

如同这个客厅，黑白相间的内部装饰与注入的柔和暖色调形成完美搭配，通过木质色调或具有橙色或红色浓郁色调的家具即可实现。

热烈与冷艳

深郁的红色搭配浅银灰色看起来颇为火热。用大量的黑色和红色可以营造戏剧性氛围。若想要更加安静的意象，只需增加白色和灰色的使用量，减少暗色系即可。

- C:37 M:25 Y:26 K:0
- C:0 M:0 Y:0 K:100
- C:0 M:0 Y:0 K:0
- C:25 M:99 Y:98 K:30
- C:39 M:93 Y:75 K:60

- R:174 G:181 B:18
- R:35 G:24 B:21
- R:255 G:255 B:25
- R:153 G:15 B:20
- R:91 G:10 B:22

在冷、暖色调的室内色彩主题中很难进行抉择吗？可以像这间浴室一样，冷、暖色调同时使用。光滑的红玻璃砖与清冷，无光泽的灰色背景砖形成漂亮的对比。

金色相伴

将金黄色与红色、橙色或棕色等暖色相搭配较为常见。打破传统，用灰色取而代之。黄色和冷灰色的主题产生一种动态意象，而与暖灰色搭配让人感觉更放松。

C:19 M:13 Y:17 K:0
C:59 M:51 Y:45 K:15
C:0 M:0 Y:0 K:0
C:9 M:15 Y:39 K:0
C:2 M:32 Y:80 K:0

R:215 G:216 B:21
R:112 G:110 B:11
R:255 G:255 B:2
R:236 G:218 B:1
R:246 G:187 B:6

像沙发这样的大件家具，对于大多数人来说都是一笔不小的投资。为了不让这些家具较快过时，可采用一些中性色调，通过低成本的装饰配件（如枕头），添加一些有趣的色彩和图案。

精致翡翠

人们倾向于把深绿色与森林深处联系在一起，但并未将这些绿色与木质的棕色色调调配在一起，而是将其与柔灰色搭配，这是一个令人惊奇的配色，给人年轻与现代的感觉。

C:26 M:19 Y:22 K:0
C:77 M:54 Y:79 K:75
C:90 M:38 Y:94 K:38
C:65 M:23 Y:100 K:65
C:0 M:0 Y:0 K:0

R:199 G:200 B:19
R:18 G:36 B:20
R:0 G:89 B:47
R:43 G:76 B:7
R:255 G:255 B:25

墙面的柔灰色可以很好地替代白色或米色。如果不想让空间看起来清冷或阴沉，可以从这里获取一些灵感，并添加一些温暖的绿色和木质元素。

浅绿色点缀

灰色配色主题中添加一些浅绿色带来一丝热带意象。浅绿色和蓝绿色都属于蓝色色调，其中包含一点点黄色，让配色显得更加温暖，避免过于冷清。

C:48 M:38 Y:43 K:4
C:19 M:13 Y:17 K:0
C:0 M:0 Y:0 K:0
C:0 M:0 Y:0 K:100
C:84 M:24 Y:48 K:3

R:146 G:147 B:1
R:214 G:216 B:2
R:255 G:255 B:2
R:35 G:24 B:21
R:0 G:141 B:138

通过明亮的淡绿色橱柜将中性的黑白灰厨房进行大胆的调配，这一空间明暗色彩搭配适中，既大胆又中性，既有质感又明亮。

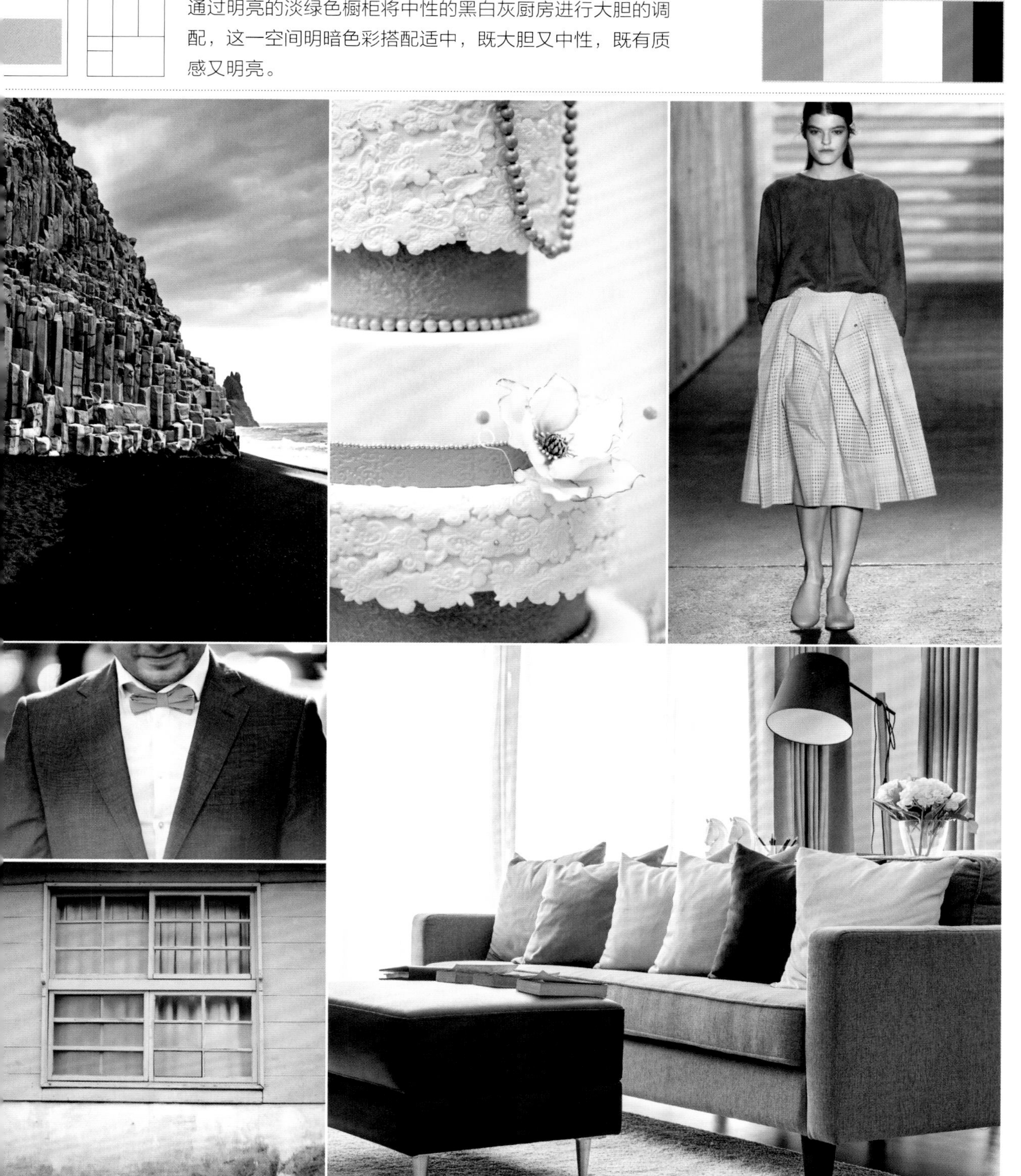

蓝色冷静

在配色方案中，中至深调的蓝灰色可以梦幻般地取代基础黑色。黑色看起来较为严肃、沉闷或单调，而蓝灰色
更为柔和。添加少量深蓝色和靛蓝色，让配色更加酷炫。

- C:58 M:46 Y:36 K:6
- C:27 M:24 Y:53 K:0
- C:100 M:95 Y:39 K:54
- C:100 M:97 Y:27 K:38
- C:42 M:53 Y:59 K:16

- R:120 G:127 B:1
- R:198 G:187 B:1
- R:0 G:17 B:62
- R:14 G:24 B:86
- R:147 G:114 B:9

在这个开放式的餐厅、厨房空间中，清冷、有光泽的蓝色与温暖的木质色调形成鲜明对比。这是一个很清凉且现代化的空间，保留了舒适和温馨的感觉。

孔雀般骄傲

灰色色相是配色方案中基础色和背景色的最佳选择。对于这种中性背景色，可以搭配明亮和喧闹的色彩，如大胆美丽的孔雀蓝色。

- C:57 M:49 Y:47 K:14
- C:37 M:33 Y:37 K:1
- C:91 M:67 Y:53 K:50
- C:77 M:36 Y:25 K:1
- C:0 M:0 Y:0 K:0

- R:117 G:115 B:11
- R:174 G:166 B:15
- R:1 G:51 B:66
- R:49 G:134 B:167
- R:255 G:255 B:25

蓝色和灰色色调很容易使房间变冷。注意空间中使用的灰色底色，这间卧室拥有温暖的灰色元素，使之看起来更加温暖。

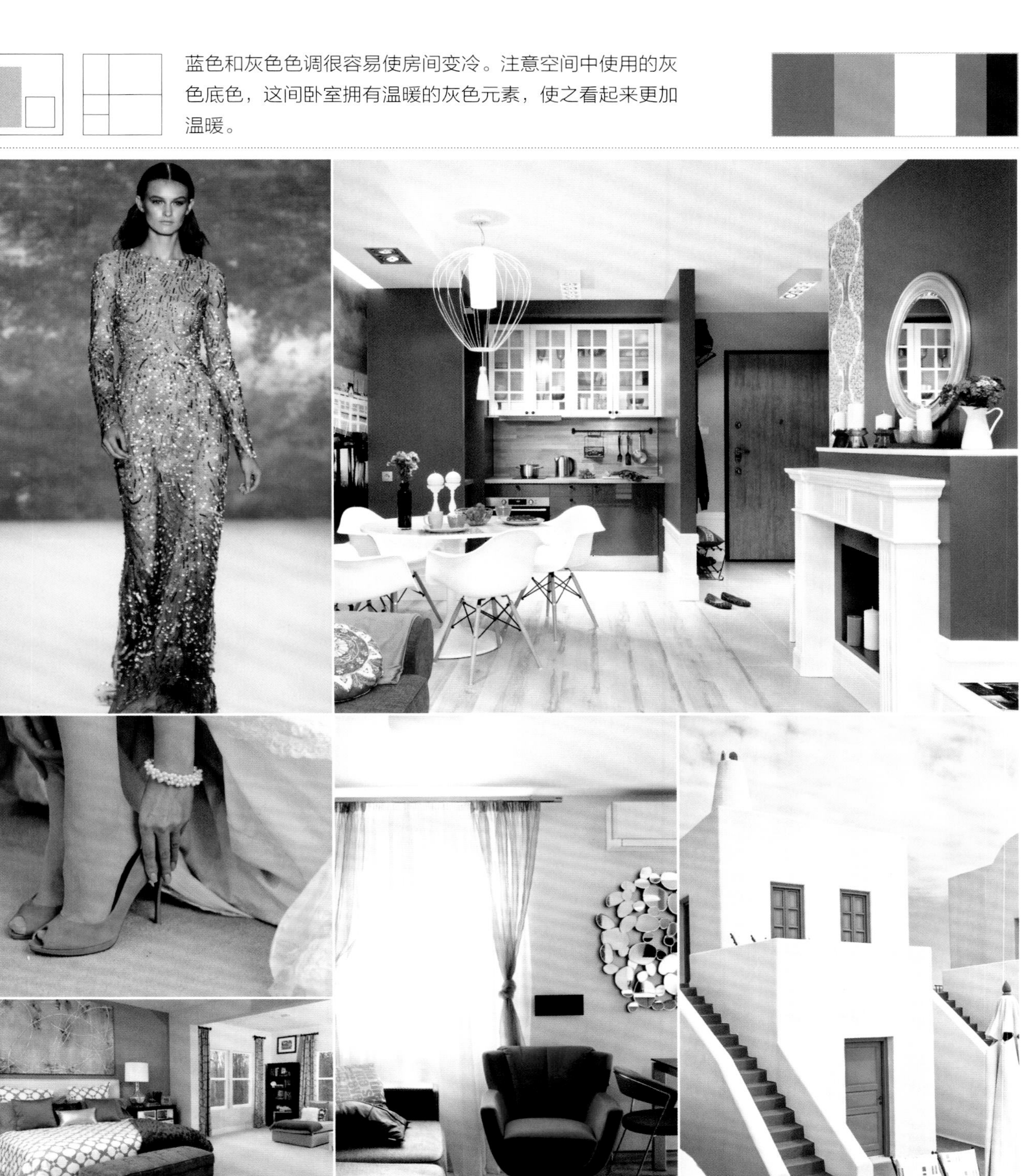

灰色情调

对于精致又略带甜蜜的粉彩色，选择带一点灰色而不是单纯的白色，这使色彩尽显柔和且中性的品质。这些复
的配色能够应用于各种各样的主题中。

C:35 M:25 Y:16 K:0
C:21 M:11 Y:10 K:0
C:31 M:16 Y:35 K:0
C:17 M:17 Y:29 K:0
C:0 M:0 Y:0 K:0

R:177 G:183 B:19
R:209 G:218 B:22
R:188 G:199 B:17
R:219 G:209 B:18
R:255 G:255 B:25

这个迷人的厨房有着令人愉悦的色彩。配色精致考究，略带灰色的色彩都很轻柔，因此看起来比较温和，洋溢着既复古又现代的气息。

粉红摇曳

与柔粉色搭配的蓝灰色调是一种完美的色彩结合，优雅，不沉闷也不拘谨。如果需要营造有趣且明亮的氛围，可使用这种色彩装饰。

C:68 M:57 Y:40 K:16
C:10 M:8 Y:1 K:17
C:3 M:19 Y:5 K:0
C:1 M:33 Y:4 K:0
C:0 M:0 Y:0 K:0

R:91 G:97 B:116
R:207 G:208 B:21
R:246 G:220 B:22
R:245 G:194 B:21
R:255 G:255 B:25

用鲜花做装饰是将色彩注入空间既灵活又便捷的方法。如果使用中性底色，例如，这个餐厅中的灰色或白色色调，那么可以添加多种喜欢的鲜花。

灰色花园

许多人会回避灰色，认为灰色是一种清冷、僵硬且不招人喜欢的色彩。这是一个欢快、有趣、为派对准备的配色方案。妩媚的果味色调能够增添热情和活力，让每个人保持心灵的澄净。

- C:38 M:30 Y:31 K:0
- C:0 M:0 Y:0 K:0
- C:0 M:73 Y:10 K:0
- C:2 M:52 Y:100 K:0
- C:0 M:75 Y:100 K:0

- R:172 G:171 B:16
- R:255 G:255 B:25
- R:234 G:102 B:15
- R:240 G:147 B:0
- R:237 G:97 B:0

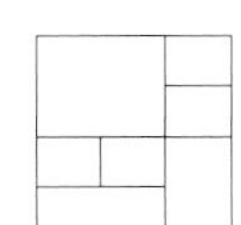

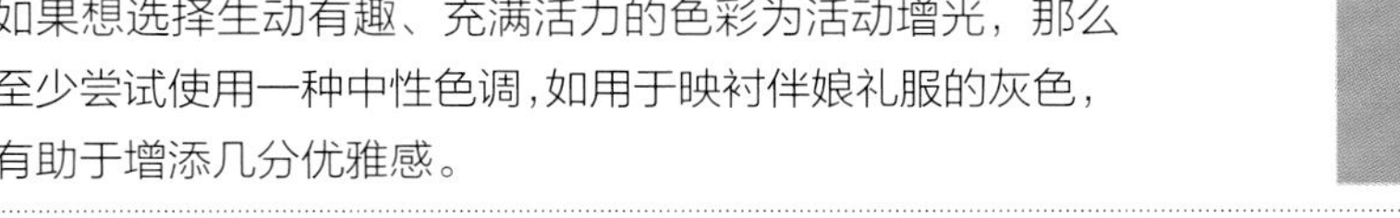

如果想选择生动有趣、充满活力的色彩为活动增光，那么至少尝试使用一种中性色调，如用于映衬伴娘礼服的灰色，有助于增添几分优雅感。

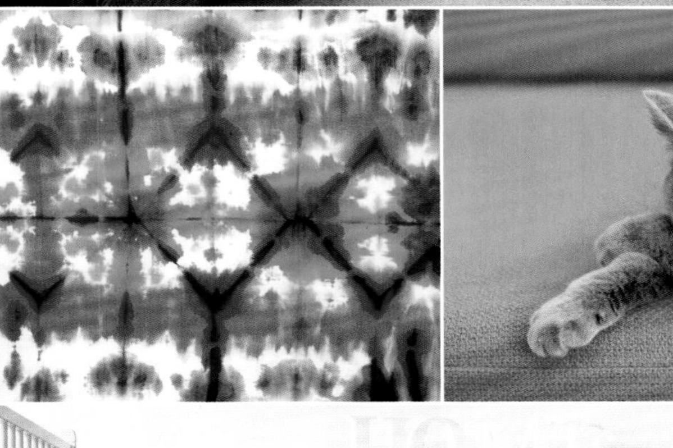

致 谢

图片顺序为每页从左往右，从上往下。斜体标出的图片均来自 Shutterstock.com 网站。虽然对本书的图片所有者进行了严格仔细的核对，但难免会有疏漏之处，如有勘误或补遗，敬请各位读者指出，今后会在修订版中加以修正。

p. 2 Abode, Living4media.co.uk; *SJ Travel Photo and Video; SvetlanaSF*; The Contemporary Home, Tch.net; *Sam Aronov*; Henri Del Olmo, Living4media.co.uk; *emin kuliyev; wernerimages; Manamana*
p. 18 Jalag / Olaf Szczepaniak, Living4media.co.uk
p. 19 *Alik Mulikov, Maria Sbytova; TatyanaMH; Viktoria Minkova; lemony; lancelot; Sergey Causelove*
p. 20 *photoff*
p. 21 *Ekaterina Pokrovsky; L.F; Elena Elisseeva*; Caroline Guest; *inomasa; Lodimup; Mihail Jershov*
p. 22 *Anatoliy Cherkas*
p. 23 *Xanya69; Sergey Melnikov; Gina Smith*; Steven Morris, Living4media.co.uk; *biggunsband; Joshua Resnick*
p. 24 Lars Ranek, Living4media.co.uk
p. 25 *Jolanta Beinarovica*; Henri Del Olmo, Living4media.co.uk; *Ondacaracola; claudiodivizia; Kichigin; 3523studio; freya-photographer*
p. 26 *mubus7*
p. 27 *Photographee.eu; tomertu; Ovidiu Hrubaru; sorayafaii; Augustino; Ruth Black*
p. 28 *kqlsm*
p. 29 *MJTH; Joshua Rainey Photography; Tatyana Tomsickova; Catalin Petolea; 1000 Words; VitaliY_Kharin_and_Maya; filmlandscape*
p. 30 *Ruth Black*
p. 31 *Esat Photography*; Abode, Living4media.co.uk; *Andrey Sarymsakov; prapann; rawmn*
p. 32 *Viktoria Minkova*
p. 33 *sanneberg; FashionStock.com; Douglas Sherman; YSK1*; Great Stock!, Living4media.co.uk; *v.s.anandhakrishna; Evgenialevi*
p. 34 Radoslaw Wojnar, Living4media.co.uk; *daylightistanbul studio*
p. 35 *Miro Vrlik Photography; Jo Green; Nejron Photo; Greg Henry; lightecho; Agnes Kantaruk*; Steven Morris, Living4media.co.uk
p. 36 *Capture Light*
p. 37 *A_Lesik; Ruth Black; blackboard1965; iravgustin; Roman Podvysotskiy; Letterberry*
p. 38 Abode, Living4media.co.uk
p. 39 *Alex Gukalov; Evgeniya Porechenskaya; webwaffe; Dasha Petrenko; Felix Britanski; Martin Mecnarowski*
p. 40 *lancelot; Roman Sigaev*
p. 41 *Africa Studio*; Yassen Hristov, Living4media.co.uk; *Shana Schnur; Neale Cousland; Daniela Pelazza; Nishihama; Alex Halay*
p. 42 *Irene Barajas; Bronwyn Photo*
p. 43 *Sveta Yaroshuk; Naphat_Jorjee; Vladimir Khirman; Natalia Klenova; Dmitry Abaza; conejota; Volodymyr Leshchenko*
p. 44 *Breadmaker*
p. 45 Frank Sanchez, Living4media.co.uk; *Ruta Production; Bas Meelker; Katsiaryna Yudo; Andre van der Veen; Dmitry Zubarev*
p. 48 *SJ Travel Photo and Video*
p. 49 *Selenit; Dejan Lazarevic; Photographee.eu; Vadim Zholobov*; Caroline Guest; *cdrin; gradi1975; 24Novembers*
p. 50 *FashionStock.com; Africa Studio*
p. 51 *Sophie McAulay; Chris Curtis; aastock; Maria Sbytova; Ruth Black*; Paul Ryan-Goff, Living4media.co.uk
p. 52 *chrishumphreys*
p. 53 *Laitr Keiows; biggunsband; Alexander Image; hofhauser; biggunsband; photo_master2000; Iriana Shiyan*
p. 54 *Dean Pennala*
p. 55 *Dmitry Abaza; Marcel Jancovic; trgowanlock; blackboard1965*; Bratt Décor, brattdecor.com; *zagorodnaya; Joshua Rainey Photography; Africa Studio*
p. 56 *Kamira*
p. 57 *Aleshyn_Andrei; Juli Scalzi; Andrekart Photography; 1000 Words; nioloxs*; Abode, Living4media.co.uk; IS_ImageSource, istockphoto.com; *Daniela Pelazza*
p. 58 *Alex Gukalov*
p. 59 *kuzsvetlaya; Alex Gukalov; kregeg; Alex Gukalov; Andrew McDonough; zadirako; milosljubicic; luanateutzi*
p. 60 Steven Morris, Living4media.co.uk
p. 61 *Dmitry_Tsvetkov; Maria Sbytova; Photographee.eu; Ovidiu Hrubaru; daylightistanbul studio; aastock; Maria Sbytova; fabiodevilla*
p. 62 *Stefano Tinti*
p. 63 *ArTono; Photographee.eu; Essential Image Media; ball2be; FashionStock.com*; View Pictures, Living4media.co.uk; *iordani*
p. 64 *FashionStock.com; lancelot*
p. 65 *Karkas; Neirfy; karamysh; WorldWide; Chawalit S; Chris15232*
p. 66 *lancelot*
p. 67 *Joshua Rainey Photography*; Gianni Sala, Living4media.co.uk; *EpicStockMedia; Gary Yim; Iriana Shiyan; hxdbzxy; Olga Lipatova*
p. 68 *Vincent St. Thomas; Vladimir Melnik*
p. 69 *FashionStock.com*; Caroline Guest; *SunKids; andersphoto; Maxim Kostenko*; BRABBU, brabbu.com
p. 72 *Butterfly Hunter*
p. 73 *Goran Bogicevic; kpatyhka*; Nina Struve, Living4media.co.uk; *c12; Tatyana Borodina; Patryk Kosmider*
p. 74 *TOMO; Tr1sha*
p. 75 Oleh_Slobodeniuk, istockphoto.com; Pics On-Line / June Tuesday, Living4media.co.uk; *jesadaphorn; Olga Popkova; Leena Robinson; Anna Ismagilova; Natalia Kirichenko*
p. 76 Abode, Living4media.co.uk
p. 77 *Maria Sbytova; FashionStock.com; hlphoto; PS Prometheus; vitals; Pavel Vakhrushev; liatris; Andrey Sarymsakov*
p. 78 *Viktoriia Chursina*
p. 79 Jalag / Olaf Szczepaniak, Living4media.co.uk; Eco Chic, ecochic.com.au; *ChameleonsEye; Anna Ismagilova; SvetlanaSF; Artur Synenko; Shana Schnur*
p. 80 *mazur serhiy; Hank Shiffman*
p. 81 *Andreas G. Karelias*; Graham & Brown, Grahambrown.com; *florinstana; Nattle; Chananchida Ch*; Great Stock!, Living4media.co.uk; *Shutterstock.com; Africa Studio*
p. 82 Great Stock!, Living4media.co.uk
p. 83 *Ovidiu Hrubaru; daisydaisy*; Annette & Christian, Living4media.co.uk; *s_karau; sootra; Alina Galieva; Photographee.eu*
p. 84 Graham & Brown, Grahambrown.com; *Maria Sbytova*
p. 85 *Masson*; Brando Cimarosti, Living4media.co.uk; *George Koultouridis; Jacques PALUT; Makela Mona; dfrolovXIII*
p. 86 *MJTH*
p. 87 *Shutterstock.com; Pablo Scapinachis; Iriana Shiyan; Catwalk Photos; Karen Grigoryan; Julia Karo*
p. .88 *pics721*
p. 89 *chrishumphreys; artesiawells; Your Inspiration*; Winfried Heinze, Living4media.co.uk; *Musing Tree Design; Shana Schnur; Kurkul; Rebecca Dickerson*
p. 90 Great Stock!, Living4media.co.uk; *fiphoto*
p. 91 *aastock; Champiofoto; Camille White; Kira Vasilevski; Roman Zhuk; Alex Gukalov*
p. 92 Per Magnus Persson, Living4media.co.uk
p. 93 *Dasha Petrenko; Nata Sha; Halfpoint; ShortPhotos; Dimitrios; Oleksii Nykonchuk*; View Pictures, Living4media.co.uk; *lazyllama*
p. 94 Yassen Hristov, Living4media.co.uk
p. 95 *aastock; adpePhoto; Aleshyn_Andrei; Sam Aronov; eelnosiva; Alex Gukalov; Evgeniya Porechenskaya*
p. 96 *KellyNelson*
p. 97 *Karen Grigoryan; Eva Tigrova; Natalya Osipova*; Paul Ryan-Goff, Living4media.co.uk; *Undivided*
p. 98 Sanderson, Sanderson-uk.com
p. 99 *Jovana Veljkovic; Goran Bogicevic; SJ Allen; Paul Prescott; Difeng Zhu; Evgeny Atamanenko*
p. 100 Mickrick, istockphoto.com
p. 101 *Litvinov; Jacek_Kadaj; MR.LIGHTMAN1975*; Andreas von Einsiedel, Living4media.co.uk; *FashionStock.com*; Dash & Albert; *Alexander Demyanenko*
p. 102 Great Stock!, Living4media.co.uk; *Dark Moon Pictures*
p. 103 *Sam Aronov; SOMKKU; PAUL ATKINSON; FashionStock.com; Radoslaw Wojnar; 578foot*
p. 104 *Yulia Grigoryeva*
p. 105 *Nata Sha; stockphoto mania; Alla Simacheva; photoagent; lancelot; Milkos*
p. 108 *Evgeniya Porechenskaya*
p. 109 *Andreea Cracium; Evgeniya Porechenskaya; Alex Halay; Ann Haritonenko*; Abode, Living4media.co.uk
p. 110 View Pictures, Living4media.co.uk
p. 111 *Andrey Valerevich Kiselev; Matthew Ennis; Sophie McAulay; Fuyu Liu; Maria Sbytova*; MiaFleur- online homewares, Miafleur.com; *Michael C. Gray*; The Contemporary Home, Tch.net
p. 112 *KUPRYNENKO ANDRII*
p. 113 Ranek, Lars, Living4media.co.uk; *Alexandru Matusciac; PlusONE; MARCHPN; JuliyaNorenko; WorldWide*
p. 114 *flil*
p. 115 *Photographee.eu; Sidhe; Ovidiu Hrubaru; aprilante; imagIN.gr photography; Brum; Chantal de Bruijne*
p. 116 siculodoc, iStockphoto.com
p. 117 *Steven Coling; SvetlanaSF; Neale Cousland; StevenRussellSmithPhotos; Evgeniya Porechenskaya*; Jeremy Levine Design, Jeremylevine.com/Flickr The Commons
p. 118 Radoslaw Wojnar, Living4media.co.uk
p. 119 *Lecyk Radoslaw; FashionStock.com; Karniewska; matthewnigel; Stefano Tinti; PlusONE*
p. 120 *Tr1sha*
p. 121 *irbis pictures*; Radoslaw Wojnar, Living4media.co.uk; *leonori; catwalker; Agnes Kantaruk; WorldWide*; Graham & Brown, Grahambrown.com
p. 122 *Stefano Tinti*
p. 123 *Envyligh; Jiri Vaclavek*; Sarah Hogan, Living4media.co.uk; *Maryna Kopylova*; Radoslaw Wojnar, Living4media.co.uk; *infinity21; Jeannette Katzir Photog*
p. 124 *Deborah Kolb*
p. 125 *vinogradnaya; Ovidiu Hrubaru; Prasit Rodphan; Ruth Black; MorganStudio; Prasit Rodphan; MorganStudio*
p. 126 Annette & Christian, Living4media.co.uk; *Christian Bertrand*
p. 127 *Robynrg; Julianna; sirirak kaewgorn; marinomarini; Ruth Black; elitravo*
p. 128 Stuart Cox, Living4media.co.uk; *mates*
p. 129 *InnaFelker; Frolova_Elena; elitravo; Meg Wallace Photography; Ecaterina Petrova; lizabarbiza; Lucy Liu*
p. 130 *Kati Molin*
p. 131 *gephoto; Galina Tcivina; Anna Oleksenko; FashionStock.com; Ecaterina Petrova; Kagual; Elina Leonova*
p. 132 *MillaF*
p. 133 Jalag / Veronika Stark, Living4media.co.uk; *HighKey; Pabkov; Victoria Minkova; Ruth Black; arustamova; Anna Antonova; Capture Light*
p. 134 Tara Striano, Living4media.co.uk
p. 135 *sakhorn; Zheng HUANG; Arina P. Habich; Dragon Images; Chris15232; evgeny freeone; AGITA LEIMANE*
p. 136 *WorldWide; Martin Kudrjavcev*
p. 137 Stefan Thurmann, Living4media.co.uk; *conrado*; Idyll Home, Idyllhome.co.uk; *FashionStock.com; B. and E. Dudzinscy*; Robert Varga
p. 138 *Goran Bogicevic*
p. 139 Inge Ofenstein, Living4media.co.uk; *asharkyu; Stefano Tinti; Angela Luchianiuc; Guy Erwood; Dyo*; Winfried Heinze, Living4media.co.uk; *Vikmanis Ints*
p. 140 Mentis Photography, Inc., Living4media.co.uk
p. 141 BRABBU, brabbu.com; *Vladzimirska Svyatoslava*; View Pictures, Living4media.co.uk; *Chris15232; Only Fabrizio; blakeley; Percold*
p. 144 *eelnosiva*
p. 145 *wandee007; Anne Kitzman; ariadna de raadt; FashionStock.com; kai keisuke; Yana Godenko; Tom Tom; Igors Rusakovs*
p. 146 *Alex Gukalov*

p. 147 *Elena Rostunova;* Abode, Living4media.co.uk; *Ruslan Iefremov; Tom Lester; crystalfoto; Discovod; Miro Vrlik Photography; Castka; KOBRIN PHOTO*
p. 148 *KPG_Payless; totojang1977*
p. 149 *Belovodchenko Anton; piccaya; Joshua Rainey Photography; Andrea Haase;* Henri Del Olmo, Living4media.co.uk; *Africa Studio; Maria Sbytova; Eve81*
p. 150 *lancelot*
p. 151 *FashionStock.com; Magdanatka; wernerimages; FashionStock.com; Illya Vinogradov; irbis pictures; ChameleonsEye*
p. 152 Simon Maxwell Photography, Living4media.co.uk; *Petar Djordjevic*
p. 153 Tapetenfabrik Gebr. Rasch GmbH & Co. KG, rasch-tapete.de; *Ausf; Deatonphotos; Africa Studio; Sam Aronov; tymonko; Tom Lester*
p. 154 *AdrianC*
p. 155 *Phatthanit; Dmitry Abaza; Elena Rostunova; melis; Jayne Chapman;* Annette & Christian, Living4media.co.uk; *marylooo; PonomarenkoNataly*
p. 156 Bärbel Miebach, Living4media.co.uk
p. 157 *IVASHstudio; TorriPhoto; Ovidiu Hrubaru; Tr1sha; Wichudapa; Champiofoto; Juta*
p. 158 *Alla Simacheva; Massel_Marina*
p. 159 *FashionStock.com; locrifa; StacieStauffSmith Photos; JMS Splash Photography; Oksana Shufrych; smartape; Evgheni Lachi; WorldWide*
p. 160 *Shebeko*
p. 161 *dragi52; Shebeko; Shebeko; A_Lesik; Seqoya; Dobermaraner; Oleksandr Lipko*
p. 162 *Michael Warwick*
p. 163 *Jakkrit Orrasri; Kachergina; Karin Jaehne; matthewnigel; TorriPhoto; Still AB*
p. 164 Evangelos Paterakis, Living4media.co.uk; *maoyunping*
p. 165 *Yana Godenko; Mariya Volik; Ovidiu Hrubaru; Melica; Sergio Stakhnyk;* Carpet Vista, Coloured Vintage and Nepal Original, CarpetVista.com; *rehanq*
p. 168 *Natalia Van Doninck*
p. 169 *Paul Matthew Photography; Lucy Liu; Joshua Rainey Photography;* IBL Bildbyra AB / Angelica, Söderberg, Living4media.co.uk; *Asaf Eliason; AppStock; tanger*
p. 170 *Neale Cousland*
p. 171 *Evgeniy Porechenskaya; Everything; NinaMalyna;* Cecilia Möller, Living4media.co.uk; *Ecaterina Petrova; WeStudio*
p. 172 Cecilia Möller, Living4media.co.uk
p. 173 *locrifa; Evgeniya Porechenskaya; Gina Smith; elitravo; popovartem.com; Lim Yong Hian; Tarzhanova; emin kuliyev*
p. 174 Yassen Hristov, Living4media.co.uk
p. 175 *Ovidiu Hrubaru; Ruth Black; Forewer; wandee007; D_D; Victoria Minkova; aastock*
p. 176 *Ruth Black; Marilyn Barbone*
p. 177 Syl Loves, Living4media.co.uk; *akayuki; Alena Ozerova; All About Space; Ruth Black;* Tom Meadow, Living4media.co.uk; *Kaspars Grinvalds*
p. 178 *Odrida*
p. 179 *Anna-Mari West; FXQuadro; CLS Design; Det-anan; Andrekart Photography;* Syl Loves, Living4media.co.uk
p. 180 *Ruth Black;* Paul Rich Studio
p. 181 *danielo; Agnes Kantaruk; AS Inc;* IBL Bildbyra AB / Peter Ericsson, Living4media.co.uk; *Andrii Kobryn; Ruth Black*
p. 182 Annette & Christian, Living4media.co.uk; *Shell114*
p. 183 Art Hide - Stylist Tess Beagley and Photographer Carrie Young, Arthide.co; *Fotokon; Maria Iial; cameilia;* iDecorate; idecorateshop.com; *carlo dapino; Beto Chagas*
p. 184 *kazoka*
p. 185 *Ovidiu Hrubaru; Photographee.eu;* MiaFleur- online homewares. Styling and photography: Amelia and Jacqui Brooks, Miafleur.com; *Magdanatka; Vladislav Plotnikov; Oleg Elena Tovkach; vinogradnaya*
p. 186 *Yana Godenko; Wig*
p. 187 *Miro Vrlik Photography; Robert Fesus; Vitalii Tiagunov; Evgeniya Porechenskaya; elitravo; kostrez; Sergey Chirkov*
p. 188 Robert Varga
p. 189 *FashionStock.com; SATHIANPONG PHOOKIT; John Copland; Dmitry Abaza; OmiStudio; Hteam; vinogradnaya*
p. 192 *Chris15232*
p. 193 *FashionStock.com; Andrey Kucheruk; Karen Grigoryan;* Bärbel Miebach, Living4media.co.uk; *Niradj; TOMO*
p. 194 *anat chant*
p. 195 *bostonphotographer; David Tadevosian; Patrick Foto; Manamana; Masson; Nata Sha; Debbi Gerdt; photobyjoy*
p. 196 Annette & Christian, Living4media.co.uk
p. 197 *Lifebrary; Goran Bogicevic; FashionStock.com; c12; Alex Andrei; aastock*
p. 198 Bratt Décor, brattdecor.com
p. 199 *Jodie Johnson; goldenjack; Yuriy Kuzakov; Henrique Daniel Araujo; aastock; Ovidiu Hrubaru*
p. 200 *catwalker*
p. 201 *Rade Kovac;* Gianni Sala, Living4media.co.uk; *Anastasiia Kryvenok; Nadya Korobkova; Alexander Tihonov; Alinute Silzeviciute*
p. 202 Annette & Christian, Living4media.co.uk
p. 203 *Breadmaker; Alexandru Matusciac; 3523studio; Chris15232; Ruth Black; Oleksandr Rostov*
p. 204 Tapetenfabrik Gebr. Rasch GmbH & Co. KG, rasch-tapete.de
p. 205 *aastock;* Wayne Vincent, Living4media.co.uk; *Robsonphoto; taniavolobueva; Dmitry Abaza; Neale Cousland; kees luiten*
p. 206 *Maleo*
p. 207 *Eric Limon; Shana Schnur; Ashwin; Andrey Armyagov;* Winfried Heinze, Living4media.co.uk; *Alexandre Zveiger*
p. 208 Rene van der Hulst, Living4media.co.uk
p. 209 *aastock; Radonja Srdanovic; Anastasiia Kryvenok; FashionStock.com; KULISH VIKTORIIA; Ann Haritonenko; Everything*
p. 210 *polusvet; IVASHstudio*
p. 211 *Max Smolyar;* Lukasz Zandecki, Living4media.co.uk; *MIKHAIL MAKOVKIN;* Ulrika Ekblom, Living4media.co.uk; *VOJTa Herout; c12*
p. 212 Simon Scarboro, Living4media.co.uk
p. 213 *Arina P. Habich; Photographee.eu; Karen Grigoryan; Guas; Marion Abada; nico99*
p. 214 *aprilante*
p. 215 Wayne Vincent, Living4media.co.uk; *Superlime; Natalia Priadilshchikova; bezikus; kregeg; L.F*
p. 216 Radoslaw Wojnar, Living4media.co.uk
p. 217 *Sufi; Volodymyr Shulevskyy; Alexandre Zveiger; Photographee.eu; Aleshyn_Andrei; Shutterstock.com*
p. 218 *Alexandre Zveiger*
p. 219 *Miro Vrlik Photography; Alexandre Zveiger; IVASHstudio; Ruth Black; Victoria_Fox;* View Pictures, Living4media.co.uk
p. 220 Great Stock!, Living4media.co.uk
p. 221 *Kaspars Grinvalds; Kateryna Mostova; Syda Productions; arustamova; Tr1sha; Gordana Sermek; StrelaStudio*
p. 222 *Branko Jovanovic*
p. 223 Jalag / Angelika Lorenzen, Living4media.co.uk; *Ovidiu Hrubaru; paultarasenko; Tata Mamai; WorldWide; 5 second Studio*
p. 224 Luci italiane. Evi Style by Stefano Mandruzzato, Luciitaliane.com; *Irina Tischenko*
p. 225 *indira's work; Alexandre Zveiger; Diego Schtutman; ThitareeS; Svetlana Lukienko; Wiratchai wansamngam*
p. 228 Annette & Christian, Living4media.co.uk
p. 229 *bikeriderlondon; aprilante; Ovidiu Hrubaru; Maglara; Eric Limon; Chantal de Bruijne*
p. 230 *LarisaS*
p. 231 *Miro Vrlik Photography; sl_photo; Maria Sbytova; Sisacorn; lkpro; Anna Subbotina; plepraisaeng; Melanie Hobson*
p. 232 *Santiago Cornejo*
p. 233 *KUPRYNENKO ANDRII; michaeljung; eelnosiva; Alex Gukalov; Ulyana Khorunzha; lev radin; Faiz Zaki*
p. 234 View Pictures, Living4media.co.uk
p. 235 *blueeyes; Ann Haritonenko; MNStudio; Ana Photo; attila; eelnosiva*
p. 236 Lukasz Zandecki, Living4media.co.uk
p. 237 Caroline Guest; *triocean; Agnes Kantaruk; USAart studio; Dmitry Abaza; Joshua Rainey Photography; Anastasiia Kryvenok*
p. 238 *Ingrid Maasik*
p. 239 *Alexandre Zveiger; Gerasia; Yuliya Yafimik;* Sussie Bell, Living4media.co.uk; *Iriana Shiyan; Lucy Baldwin*
p. 240 *piccaya; avers*
p. 241 Sanderson, Sanderson-uk.com; *FashionStock.com; Alberto P; Photo Africa; Tr1sha;* Graham & Brown, Grahambrown.com
p. 242 Bernard Touillon, Living4media.co.uk
p. 243 *Kartinkin77; Olga Lipatova; Vladzimirska Svyatoslava; Jay Petersen; ShortPhotos; bikeriderlondon*
p. 244 *All About Space; Alex Gukalov*
p. 245 *Kagual;* Brando Cimarosti, Living4media.co.uk; *Stefano Tronci; Aleksie; Kenneth Keifer; Mathe, Dorottya; JuliyaNorenko*
p. 246 Rachael Smith, Living4media.co.uk
p. 247 *design.at.krooogle; FashionStock.com; WorldWide; Karen Grigoryan; WorldWide;* BRABBU, brabbu.com
p. 248 *Alex Gukalov*
p. 249 *kuvona; Anatoliy Cherkas;* Great Stock!, Living4media.co.uk; *Alex Gukalov; Sophie McAulay; Ovidiu Hrubaru; syrotkin; Marilyn Barbone*
p. 250 Guy Bouchet, Living4media.co.uk
p. 251 *IVASHstudio; Nikolas_jkd; Santiago Cornejo; Viktoriia Chursina; zhekoss; Owl_photographer; Studio ART; Bogdan Sonjachnyj*
p. 252 Rachael Smith, Living4media.co.uk
p. 253 IN-SPACES, In-spaces.com; *Radoslaw Lecyk; pongnathee kluaythong; Andrekart Photography; Photographee.eu; brodtcast; Sam Aronov*
p. 254 Great Stock!, Living4media.co.uk
p. 255 *KUPRYNENKO ANDRII; Your Inspiration; Dragon Images; All About Space; FashionStock.com*
p. 256 Annette & Christian, Living4media.co.uk; *traumschoen*
p. 257 *Pavel Sytsko; Iriana Shiyan; Alexandre Zveiger; Ovidiu Hrubaru; rehanq; Ozgur Coskun*
p. 260 José-Luis Hausmann, Living4media.co.uk
p. 261 *hifashion; PlusONE; Odrida; Jaros;* Idyll Home, idyllhome.co.uk
p. 262 *gifted*
p. 263 Boca do Lobo, Bocadolobo.com; *Algirdas Gelazius; Alexandre Zveiger; pbombaert; LIU ANLIN;* Henri Del Olmo, Living4media.co.uk
p. 264 Annette & Christian, Living4media.co.uk
p. 265 *GoodMood Photo; Sam Aronov; 2M media; Africa Studio; jan1982*
p. 266 *Marko Poplasen*
p. 267 Tulikivi Kide 2 Fireplace White by Tulikivi2012 - Own work. Licensed under CC BY-SA 3.0 via Wikimedia Commons, Commons.wikimedia.org/wiki/File:Tulikivi_Kide_2_Fireplace_White.jpg#/media/File:Tulikivi_Kide_2_Fireplace_White.jpg; *paultarasenko; saschanti17; Jodie Johnson; WorldWide; Vladzimirska Svyatoslava*
p. 268 *stockernumber2,*
p. 269 *lev radin;* Peter Kooijman, Living4media.co.uk; *Anna Hoychuk; melis; T30 Gallery; pics721; ladie_c*
p. 270 *Alexandre Zveiger*
p. 271 *chrishumphreys; Ben Bryant; Tinxi; Oleg Malyshev; FreeBirdPhotos; Chris15232; Lorna Roberts; NinaMalyna*
p. 272 View Pictures, Living4media.co.uk; *Tinxi*
p. 273 *happydancing;* Yvonne von Oswald, Living4media.co.uk; *Antonius Egurnov; WorldWide;* BRABBU, brabbu.com; *TaraPatta; hifashion*
p. 274 Peter Kooijman, Living4media.co.uk
p. 275 *Andrey Bayda; Maria Sbytova; FashionStock.com; All About Space; iOso; IVASHstudio*
p. 276 Great Stock!, Living4media.co.uk
p. 277 Annette & Christian, Living4media.co.uk; *FashionStock.com; Maria Sbytova; SvetlanaSF; All About Space; indira's work; PlusONE*
p. 278 Radoslaw Wojnar, Living4media.co.uk; *Neangell*
p. 279 *FashionStock.com;* Radoslaw Wojnar, Living4media.co.uk; Simone Becchetti, Stocksy.com; *fiphoto;* Interior Design: Builders Design, Builder: KB Home, Buildersdesign.com; *Andrei Zveaghintev*
p. 280 Tom Meadow, Living4media.co.uk
p. 281 *Mikhail_Kayl; karamysh; WorldWide; Elena Schweitzer; Yulia Grigoryeva; FashionStock.com; David Papazian*
p. 282 Great Stock!, Living4media.co.uk
p. 283 *PlusONE; Chris15232; Andreja Donko; Agnes Kantaruk; mythja; Nata Sha*
p. 284 Emily May, Gohausgo.com
p. 285 *Photographee.eu;* Emily May, Gohausgo.com; *SARYMSAKOV ANDREY;* patsy&ulla, Living4media.co.uk; *Photographee.eu; Nattle; AC Manley*

图书在版编目（CIP）数据

家居色彩搭配手册：配色方案及灵感来源1000例 / (美)珍妮弗·奥特著；涂俊译. -- 南京：江苏凤凰科学技术出版社, 2018.1
ISBN 978-7-5537-8649-0

Ⅰ. ①家… Ⅱ. ①珍… ②涂… Ⅲ. ①住宅- 室内装饰设计- 装饰色彩 Ⅳ. ①TU241

中国版本图书馆CIP数据核字(2017)第268108号

江苏省版权局著作权合同登记章字：10-2017-145号

家居色彩搭配手册——配色方案及灵感来源1000例

著　　者	[美] 珍妮弗·奥特
译　　者	涂　俊
项目策划	凤凰空间/周明艳
责任编辑	刘屹立　赵　研
特约编辑	周明艳
出版发行	江苏凤凰科学技术出版社
出版社地址	南京市湖南路1号A楼，邮编：210009
出版社网址	http://www.pspress.cn
总　经　销	天津凤凰空间文化传媒有限公司
总经销网址	http://www.ifengspace.cn
印　　刷	中华商务联合印刷（广东）有限公司
开　　本	889 mm×1 194 mm　1 / 16
印　　张	18
字　　数	144 000
版　　次	2018年1月第1版
印　　次	2018年5月第2次印刷
标准书号	ISBN　978-7-5537-8649-0
定　　价	298.00元（精）

图书如有印装质量问题，可随时向销售部调换（电话：022-87893668）。